U0379497

普通高等教育"十一五"国家级规划教材
21世纪高职高专规划教材（机械类）

数控加工技术

主　编	武汉船舶职业技术学院	姚　新
副主编	重庆电子工程职业学院	岳秋琴
参　编	山西机电职业技术学院	李粉霞
	山西机电职业技术学院	赵　军
	安徽国防科技职业学院	于　辉
	张家界航空工业职业技术学院	夏罗生
	武汉市第一技术学校	卢闪闪
	国营长江船用机械厂	胡泽凯
	神龙汽车有限公司	吴　屈
主　审	武汉船舶职业技术学院	周　兰

机械工业出版社

本书是普通高等教育"十一五"国家级规划教材。

本书从数控加工技术课程的知识、能力和素质结构要求出发，按照《国家职业标准》要求编写。全书共分7章，主要内容包括数控加工技术概论，数控加工技术的控制原理与传动结构，数控加工工艺与编程基础，数控车床编程与操作，数控铣床和加工中心编程与操作，宏程序与参数编程，自动编程，书后附有数控加工常用术语解释及中英文对照和加工中心操作工国家职业标准（节选）等。

本书内容全面、系统，重点突出，强调理论联系实际；构思科学，撰写合理，图文并茂。

本书主要用作高职高专院校机械、机电类专业数控加工技术课程教材，也可作为数控加工技术职业培训和技能鉴定用教材，还可作为相关从业者自学用书，一般工程技术人员也可参考。

为方便教学，本书配有电子课件等教学资源。凡选用本书作为教材的**教师均可登录机械工业出版社教材服务网www. cmpedu. com 注册后免费下载。如有问题请致信 cmpgaozhi@sina. com，或致电 010-88379375 联系营销人员。**

图书在版编目（CIP）数据

数控加工技术/姚新主编. —北京：机械工业出版社，2011
（2020.1 重印）

普通高等教育"十一五"国家级规划教材. 21 世纪高职高
专规划教材. 机械类

ISBN 978 - 7 - 111 - 33194 - 0

Ⅰ. ①数… Ⅱ. ①姚… Ⅲ. ①数控机床 - 加工 - 高等学校：
技术学校 - 教材 Ⅳ. ①TG659

中国版本图书馆 CIP 数据核字（2011）第 012086 号

机械工业出版社（北京市百万庄大街22 号 邮政编码 100037）
策划编辑：余茂祚 责任编辑：王 丹 章承林
版式设计：霍永明 责任校对：刘秀丽
封面设计：马精明 责任印制：常天培
北京京丰印刷厂印刷
2020 年 1 月第 1 版 · 第 4 次印刷
184mm×260mm · 13.25 印张 · 323 千字
标准书号：ISBN 978 - 7 - 111 - 33194 - 0
定价：33.00 元

电话服务 网络服务
客服电话：010 - 88361066 机 工 官 网：www. cmpbook. com
　　　　　010 - 88379833 机 工 官 博：weibo. com/cmp1952
　　　　　010 - 68326294 金 书 网：www. golden-book. com
封底无防伪标均为盗版 机工教育服务网：www. cmpedu. com

21世纪高职高专规划教材
编委会名单

编委会主任　王文斌

编委会副主任（按姓氏笔画为序）

王建明	王明耀	王胜利	王寅仓	王锡铭
刘 义	刘晶磷	刘锡奇	杜建根	李向东
李兴旺	李居参	李麟书	杨国祥	余党军
张建华	茆有柏	赵居礼	秦建华	唐汝元
谈向群	符宁平	蒋国良	薛世山	

编委会委员（按姓氏笔画为序，黑体字为常务编委）

王若明	**田建敏**	成运花	曲昭仲	朱 强
刘 莹	刘学应	孙 刚	许 展	**严安云**
李学锋	李法春	**李超群**	**杨 飒**	**杨群祥**
杨翠明	宋岳英	何志祥	何宝文	佘元冠
沈国良	张 波	**张 锋**	张福臣	陈月波
陈向平	陈江伟	武友德	郑晓峰	林 钢
周国良	赵建武	赵红英	祝士明	**俞庆生**
倪依纯	**徐铮颖**	韩学军	崔 平	崔景茂
焦 斌	**戴建坤**			

前　言

当今世界的综合国力竞争，说到底是民族素质竞争。为此，国家制定了《国家中长期教育改革和发展规划纲要（2010～2020年）》，加快从教育大国向教育强国、从人力资源大国向人力资源强国迈进。

目前，我国正处于从"世界制造大国"向"世界制造强国"转变的发展时期，数控加工技术是制造业的发展和进步的重要保证，制造业对高素质、高技能数控技术人才的需求极为迫切。

教育部教高［2006］16号《关于全面提高高等职业教育教学质量的若干意见》文件指出："高等职业院校要积极与行业企业合作开发课程，根据技术领域和职业岗位（群）的任职要求，参照相关的职业资格标准，改革课程体系和教学内容"。

在以上大的背景下，我们大量收集各方人士和多所院校的意见和要求，充分汲取企业数控加工技术亮点和各校教学成果，深入研究《国家职业标准》，逐步形成了一个较合理的内容体系和编写思路。

本书积极改革以课堂和教师为中心的传统教学组织形式，将理论知识学习、实践能力培养和综合素质提高三者紧密结合，努力促进工学结合和"教、学、做"一体化。根据行动导向、任务驱动的教学理念，从宏观的数控技术，到具体的数控机床操作维护，以应用为目的，以典型零件加工为载体，明确概念，掌握方法，保证基础，重点突出与操作技能相关的必备专业知识，充分体现高职教育特色。

在具体内容方面，本书具有以下特点：

1. 没有原理和概念，难以理解编程与操作，但是，如果过早陷入具体结构和详细理论，枯燥难懂，易让人产生畏难情绪，不利于后续的学习。为此，本书注重遵从认知发展规律，从大的原理和整体概念入手，避免直接导入具体细致的结构和理论；注意各内容之间的逻辑连接关系，从外到内，从感性认识到理性认识，循序渐进。

2. 明确教学对象，合理取舍内容，不搞"大而全"、"高精尖"。以普通功能、中等规格的常见常用的数控机床为例，不拿专用或特型机床来举例，数控系统以各校设备中最常见的 FANUC 和 SIEMENS 数控系统为例，尽量避免不常用专有名词的出现。

3. 结合《国家职业标准》增加工程实际内容，结合职业技能鉴定的要求，建立课堂与现场的结合点。

4. 通用工艺、常用指令等共性问题相对集中，以减少篇幅；刀补、对刀等重点技能适当复述，强化重点。

5. 适当补充自动控制理论基础知识，弥补高职高专一般机械和机电类专业在这方面存在的缺陷。本教材力求从自动控制基础理论出发，明确控制系统思路，厘清一些经常混淆的名词概念。

6. 尽量采用启发式语言和画面激发学生学习兴趣，减少文字，增加图表，加强直观性。教材中引入了一些动作示意图，以便进行 CAI 课件渲染、动态演示。

7. 充分运用附录，一些占篇幅较大且多次引用的标准内容以附录形式附在书后，以使书的正文简洁连贯。

8. 本书严格执行新的国家标准，突出教材的时代性，与当前流行的新技术、新产品同步，淘汰落后内容。

本书由武汉船舶职业技术学院姚新教授主编，周兰任主审，重庆电子工程职业学院岳秋琴副教授任副主编，参加编写的有山西机电职业技术学院李粉霞、赵军，安徽国防科技职业学院于辉，张家界航空工业职业技术学院夏罗生，武汉市第一技术学校卢闪闪，国营长江船用机械厂胡泽凯，神龙汽车有限公司吴屈。

在本书的编写过程中，得到一些高等院校和有关企业的大力支持，还参考了许多数控技术方面的论文、教材和数控机床编程与操作手册，在此对这些单位和作者表示衷心的感谢！

尽管作者投入了很大精力，力求使本书科学合理、准确无误，但仍然难免存在疏漏和不妥之处，恳切希望广大读者多提宝贵意见。可以直接联系我们，电子邮件地址：yx8026@163. com。

为了方便教学，本书配有多媒体课件。

编　者

目　录

第1章 数控加工技术概论

1.1 数控加工技术基本概念

1.1.1 数控技术概念

数字控制技术，简称数控技术或数控（Numerical Control，NC）。广义地讲，凡是利用数字化信号控制执行机构完成某种功能的（如机床的运动及其加工过程）自动控制技术，都属于数控技术。早期的数字控制技术是以电子元器件及其电路为主实现数字控制的硬件数控，如今是以计算机为主实现数字控制的软件数控，数字控制信号都是通过计算机发出的，所以当前的数控技术又称为计算机数控（Computer Numerical Control，CNC）技术。目前CNC已经全面替代了NC。

相对于模拟控制而言，数字控制系统中的控制信息是数字量，而模拟控制系统中的控制信息是模拟量。数字控制与模拟控制相比有许多优点，如可用不同字长表示不同精度的信息，可对数字化信息进行逻辑运算、数学运算等复杂的信息处理工作，特别是可用软件来改变信息处理的方式或过程，而不用改动电路或机械机构，从而使机械设备具有很大的"柔性"。因此，数字控制已被广泛用于机械运动的轨迹控制和机械系统的开关量控制，如机床的控制、机器人的控制等。

数控系统（Numerical Control System）采用数控技术实现数字控制的相关功能，它是由软硬件模块有机集成的系统装置和设备，是实现数字控制的载体。

数控技术是集计算机、自动控制、精密测量、电工电子、机械制造与信息管理等技术为一体的现代控制技术，广泛应用于机械制造领域，是制造业实现自动化、柔性化、集成化生产的基础。

1.1.2 数控加工技术概念

1. 数控加工概念 数控加工是指在数控加工设备上根据设定的程序对零件进行自动加工的一种工艺方法。这种控制零件加工过程的程序称为数控加工程序。数控程序由一系列的标准指令代码组成，每一个指令对应于工艺系统的一种动作状态。数控程序的编制称为数控编程。

本课程所讲述的数控加工主要针对金属切削加工范畴。也就是利用数字信息对机床状态和运动轨迹实行自动控制，所涉及的基本加工设备是数控车床、数控铣床、加工中心等。

2. 数控加工过程与内容 数控加工的一般工作过程如图1-1所示。数控加工过程总体上可分为工艺设计、数控程序编制和机床加工三大部分。根据零件图等技术文件提出的工作要求，进行工艺设计，编制加工程序，然后在机床上加工，最后得到工作结果——合格的产品或零件。

数控加工的具体工作内容与流程如图1-2所示。

采用数控机床加工零件时，只需要将零件图形和工艺参数、加工步骤等以数字信息的形式，编成程序代码输入到机床的数控装置中，再由其进行运算处理后转换成驱动伺服机构的

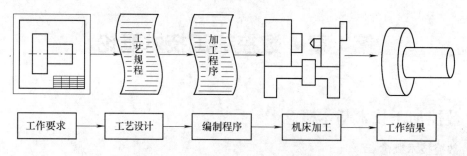

图 1-1　数控加工的一般工作过程

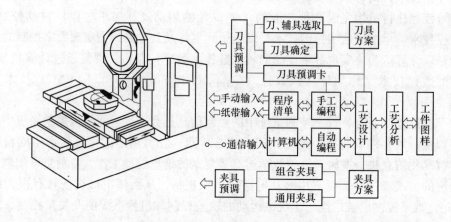

图 1-2　数控加工的工作内容与流程

指令信号，从而控制机床各部件协调动作，自动加工出零件来。当更换加工对象时，只需要重新编写程序代码，输入给机床控制系统，即可由数控装置代替人的大脑和双手的大部分功能，来控制加工的全过程，制造出任意复杂的零件来。

1.1.3　数控加工的特点及适用范围

无论是传统加工方式，还是数控加工方式，零件加工的基本步骤都是大致相同的，基本步骤总结如下：

1）分析研究零件图。

2）选择最合适的加工方法。

3）确定安装方法（工件夹紧）。

4）选择切削刀具。

5）确定主轴转速和进给速度等切削用量。

6）加工工件。

在传统加工中，机床操作者通过各种操纵杆、手柄、变速箱和刻度盘等装置，手动操作机床并移动切削刀具来加工零件，对一批零件中的每个零件要不断重复进行同样的操作。由于操作者的技能、经验及身体疲劳状况等易于变化，因此不可能能完全相同地重复每个过程，加工过程中产生的结果很难预测，从而造成加工出的零件精度不一致。数控加工不需要操纵杆、刻度盘或手柄，一旦零件程序经验证无误，就可以反复使用，而且总是获得一致的结果。传统加工与数控加工方式的比较如图 1-3 所示。

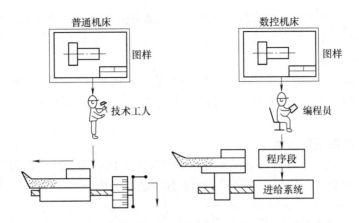

图 1-3　传统加工与数控加工方式的比较

数控加工与普通机床加工相比，具有如下特点：

1）自动化程度高，具有很高的生产率。除手工装夹毛坯外，其余全部加工过程都可由数控机床自动完成，减轻了操作者的劳动强度，改善了劳动条件。

2）加工精度高，质量稳定。数控加工的尺寸精度通常在 $0.005 \sim 0.01\mathrm{mm}$ 之间，不受零件复杂程度的影响。由于大部分操作都由机器自动完成，因而消除了人为误差，提高了批量零件尺寸的一致性。

3）对加工对象的适应性强。当加工对象改变时，除了相应更换刀具和解决工件装夹方式外，只需要改变零件的加工程序，便可自动加工出新的零件，不必对机床作复杂的调整，缩短了生产准备周期，给新产品的研制、开发，以及产品的改进、改型提供了捷径。

4）数控机床一般具有屏幕显示功能，可以显示加工程序和加工状态，还具有自动报警显示功能，根据报警信号或报警提示可以以迅速查找机器故障，而普通机床不具备上述功能。

5）易于建立计算机通信网络。由于数控机床是使用数字信息，易于与计算机辅助设计/制造（CAD/CAM）和企业管理系统连接，形成计算机辅助设计、制造及生产管理一体化系统。

基于以上特点，数控机床最适合的加工零件类型如下：

1）多品种小批量生产的零件。

2）形状结构比较复杂的零件。

3）需要频繁改型的零件。

4）价格昂贵，不允许报废的关键零件。

5）需要最短周期制作的急需零件。

6）批量较大、精度要求很高的零件。

当然，数控加工在某些方面也有不足之处：数控机床的价格昂贵，加工成本高；技术复杂，维修、维护技术要求高；对工艺和程序编制要求较高；加工中难以调整。

1.2　数控加工设备概述

数控加工设备就是采用了数控技术的加工设备，或者说是装备了数控系统的加工设备。

数控机床是数控加工设备的典型代表，常见数控机床有数控车床、数控铣床和加工中心，其他数控加工设备还有数控激光与火焰切割机、数控冲剪机、数控压力机、数控弯管机、数控雕刻机等。

数控机床（NC Machine）就是装备有数控系统，采用数字信息对机床运动及其加工过程进行自动控制的机床。它通过输入到计算机中的数字信息来控制机床运动，自动加工出所需零件。

1.2.1　数控机床的组成与原理

如图 1-4 所示，现代数控机床由数控系统和机床本体两大部分组成，而数控系统又由输入/输出装置、数控装置、伺服驱动装置和辅助控制装置组成。

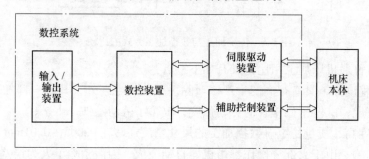

图 1-4　数控机床组成示意图

数控机床的组成系统如图 1-5 所示。

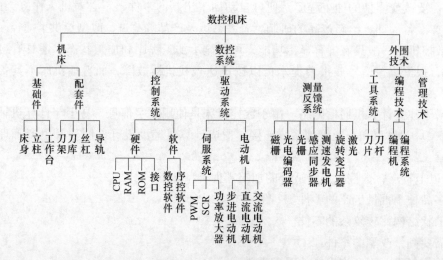

图 1-5　数控机床的组成系统

数控机床各组成部分的具体构成和主要作用如下：

1. 数控系统部分

（1）输入/输出装置　输入/输出装置是数控装置与外部进行信息交流的装置，通过它将加工程序传递、编辑并存入数控系统内，或将数控系统中的加工程序以及工作状态信息通过显示、打印或存储等方式输出。一般的输入/输出装置主要是键盘和显示器以及软盘驱动器和通信接口等。

（2）数控装置　它是控制机床运动的中枢系统，包括 CPU 和各种电路以及相应软件程序，它根据输入的程序和数据，经过数控装置的系统软件或逻辑电路进行编译、运算和逻辑处理后，输出各种信号和指令。

（3）伺服驱动装置　它由伺服驱动电动机和伺服驱动电路组成，是数控系统的执行部件。它的基本作用是接收数控装置发来的指令信号，控制机床执行机构的进给速度、方向和位移量，以完成零件的自动加工。

（4）辅助控制装置　辅助控制装置一般主要由可编程序控制器（PLC）和相关电路等组成，主要接受数控装置输出的开关信号，经过编译、逻辑判断、功率放大后驱动相应的电器，带动机床机械部件、液压、气动等辅助装置以完成指令所规定的动作。这些动作包括主轴运动起停、变速、刀具的选择与交换、切削液开关、工件装夹等。此外，行程开关和监控检测等状态信号也要经过辅助控制装置送给数控装置进行处理。

数控系统是数控机床的核心，数控机床根据功能和性能要求，配置不同的数控系统。系统不同，其指令代码也有差别。因此，编程时应按所使用数控系统代码的编程规则进行编程。

主要数控厂家的典型产品有：FANUC（日本）、SIEMENS（德国）、FAGOR（西班牙）、HEIDENHAIN（德国）、MITSUBISHI（日本）等，我国数控产品以华中数控、航天数控为代表，也已将高性能的数控系统产业化。

2. 机床本体　机床本体也称主机，是被控对象，包括机床的主运动部件、进给运动部件、其他执行部件和基础部件，如底座、立柱、工作台、刀架、导轨等。此外，还有冷却、润滑、排屑、转位和夹紧等辅助装置。对于加工中心，还有刀库和自动换刀装置、自动交换工作台装置等部件。

数控机床的一般原理是：用数控机床加工工件时，首先由编程人员按照零件的几何形状和加工要求把零件的加工工艺路线、刀具运动轨迹、切削参数等，根据数控机床规定的指令代码及程序格式编写成加工程序单，再把程序单的内容输入到数控机床的数控装置中，数控系统读入加工程序后，将其翻译成机器能够理解的控制指令，再由伺服驱动装置将其变换和放大后驱动机床上的主轴电动机和进给伺服电动机转动，并带动机床的工作台移动、刀具转动，实现工件加工的过程。数控系统实质上是完成了手工加工中操作者的部分工作。

1.2.2　数控加工设备的分类与功能

数控加工设备的种类很多，据不完全统计已有 500 多个品种规格，可按照多种原则来进行分类，但归纳起来，常见的是以下四种分类方式：

1. 按工艺用途分类

（1）金属切削类　指采用车、铣、钻、镗、铰、磨、刨等各种切削工艺的数控机床。它可分为两类。

1）普通数控机床。这类机床一般是指在加工工艺过程中的一个工序上实现数字控制的自动化机床，有数控车床、数控铣床、数控钻床、数控镗床及数控磨床等。普通数控机床在自动化程度上还不够完善，刀具的更换与零件的装夹仍需人工来完成。

2）数控加工中心。数控加工中心是指带有刀库和自动换刀装置的数控机床。在加工中心上，可使零件一次装夹后，实现多道工序的集中连续加工，使数控机床更进一步地向自动化和高效化方向发展。

（2）金属成形类　指采用挤、压、冲、拉等成形工艺的数控机床，常用的有数控弯管机、数控压力机、数控冲剪机、数控折弯机、数控旋压机等。

（3）特种加工类　主要有数控电火花线切割机、数控电火花成形机、数控激光与火焰切割机等。

2. 按运动轨迹分类

（1）点位控制类　如图1-6a所示，这类机床只控制机床运动部件从一点移动到另一点的准确定位，在移动过程中不进行切削，对两点间的移动速度和运动轨迹没有严格控制。为了减少移动时间和提高终点位置的定位精度，一般先快速移动，当按近终点位置时，再以低速准确移动到终点，以保证定位精度。这类数控机床有数控钻床、数控坐标镗床、数控冲床等。

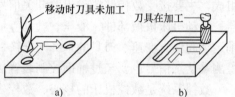

（2）点位直线控制类　如图1-6b所示，这类机床在工作时，不仅要控制两相关点之间的位置，还要控制刀具以一定的速度沿与坐标轴平行的方向进行直线切削加工。这类机床有数控车床和数控铣床等。

图1-6　点位和点位直线控制

（3）轮廓控制类　这类机床又称连续控制或多坐标联动机床。机床的控制装置能够同时对两个或两个以上的坐标轴进行连续控制。加工时不仅要控制起点和终点位置，还要控制整个加工过程中每点的速度和位置。图1-7a所示为刀具在 XY 平面内实现 X 和 Y 两个坐标联合运动；图1-7b所示为刀具在 XZ 平面内实现两坐标联合运动，同时 Y 坐标单独穿插进行周期性的步进运动，相当于半联动，此种加工方式称为"两轴半联动"；图1-7c所示为刀具在 X、Y、Z 三个坐标上联合运动，实现三坐标联合运动。这类机床主要有数控车床、数控铣床、数控磨床和加工中心等。

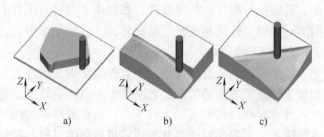

图1-7　多坐标联动加工

3. 按伺服系统的控制方式分类

（1）开环控制类　这类数控机床中不带位置检测元件，指令流向为单向。此类控制精度不高。

（2）闭环控制类　这类数控机床是将位置检测元件直接安装在机床工作台上，用以检测机床工作台的实际位置，并与数控装置的指令位置相比较，用差值进行控制。此类控制一般适用于精度要求较高的数控机床。

（3）半闭环控制类　这类数控机床将检测元件安装在驱动电动机的端部或传动丝杠端部，通过测量转角位移来间接测量工作台的实际位置或位移。

伺服控制原理将在第2章中叙述。

4. 按功能水平分类

（1）经济型　这类机床的控制系统比较简单，价格低廉，主要用于车床、线切割机床及旧机床的数控改造中。

（2）普及型　这类机床采用全功能型数控系统，属于中档型数控系统。

（3）高级型　这类机床采用高性能的伺服系统和微处理器控制系统，具有更高的精度和效率。

按数控系统的功能水平分类见表1-1。

表1-1　按数控系统功能水平分类

功　　能	低档（经济型）	中档（普及型）	高档（高级型）
系统分辨率	$10\mu m$	$1\mu m$	$0.1\mu m$
快进速度	$3\sim10m/min$	$10\sim24m/min$	$15\sim100m/min$
伺服类型	开环	半闭环	闭环
进给驱动设备	步进电动机	伺服电动机	伺服电动机
联动轴数	$2\sim3$	$2\sim4$	5轴或5轴以上
通信功能	无	RS—232 或 DNC	DND、MAP
显示功能	数码管显示	CRT 显示，图形、人机对话	三维图形、自诊断
内装 PLC	无	有	功能强大的内装 PLC
主 CPU	8 位、16 位	16 位、32 位	64 位以上
结构	单片机或单板机	单微处理器或多微处理器	多微处理器

1.3　数控加工技术的发展历程

1.3.1　数控加工技术的产生

数字控制的对象是多种多样的，但数控机床是最早应用数控技术的控制对象，也是最典型的数控化设备。最早采用数字控制技术进行机械加工的思想，是 1948 年美国帕森斯公司在制造飞机框架及直升飞机叶片轮廓用样板时提出的。在美国麻省理工学院的协助下，于1952 年研制成功了世界上第一台三坐标的立式数控铣床。这是一台采用脉冲乘法器原理的直线插补三坐标数控铣床，取名为 "Numerical Control"。此后，很多厂家都开展了数控机床的研制和生产。

至今，数控机床已经历了两大阶段六代的发展历程。

第一阶段：硬件数控（NC）阶段（1952～1970 年）。1946 年诞生了世界上第一台电子计算机，6 年后，在美国诞生了第一台数控机床。早期计算机的运算速度低，还不能适应机床实时控制的要求。人们不得不采用数字逻辑电路"搭"成一台机床专用计算机作为数控系统，被称为硬件连接数控（HARD-WIRED NC），简称为数控（NC）。随着元器件的发展，这个阶段历经了三代，即 1952 年的第一代电子管，1959 年的第二代晶体管，1965 年的第三代小规模集成电路。

此阶段的数控系统主要是由电子元器件和硬件线路连接而成，电路复杂，可靠性不好，已被淘汰。

第二阶段：软件数控（CNC）阶段（1970 年至现在），也称作计算机数控系统阶段。

1970 年，通用小型计算机业已出现并成批生产。于是将它移植作为数控系统的核心部件，从此进入了计算机数控（CNC）阶段。到 1971 年，美国 INTEL 公司将计算机的两个最核心的部件——运算器和控制器，采用大规模集成电路技术集成在一块芯片上，称之为微处理器（MICROPROCESSOR），又称为中央处理单元（简称 CPU）。1974 年，微处理器被应用于数控系统。到了 1990 年，PC（个人计算机）可以满足作为数控系统核心部件的要求了，数控系统从此进入了基于 PC 的阶段。

这一阶段也经历了小型计算机、微处理器或微型计算机、基于个人计算机 PC 的数控系统三代的发展。此阶段的数控系统主要由计算机的硬件和软件组成。其突出特点是数控的许多功能由软件来实现，不仅在经济上更为合算，而且提高了系统的可靠性和功能特色。

我国数控加工技术起步于 1958 年，但进展缓慢。1980 年开始引进日本 FANUC 数控系统等，与此同时，还自行研发 3~5 轴联动、高精度伺服系统等的关键技术，现在我国已经建立了以中、低档数控机床为主的产业体系。我国数控机床年产量已居世界首位。

我国早期经济型数控系统多采用步进电动机，近年来大多改为采用带有脉冲控制方式的数字式交流伺服电动机，但其电动机编码器的反馈信息只是传给伺服驱动器而没有给到CNC。这样的控制系统在控制规格较小、精密度较低或轴数较少的机床上是可以的，但对于大型、精密、多轴的机床即较为高档的数控机床是远远不能满足要求的。控制必须直接针对反馈，这样的系统才有可能保证机床的动态特性等基本要求，只是局部反馈的控制是我国目前使用最多的数控系统。

我国正在大力开发全数字高档数控装置，其基本考核指标有：插补周期为 0.125ms；程序前瞻段数为 2000；程序段处理速度为 7200 段/s；最小分辨率为 1nm；8 个控制通道，每通道最大 8 轴联动；具有两种以上现场总线伺服接口和高速样条插补功能。其他功能还有：高速程序预处理技术、多通道及复合加工控制技术、纳米级高精度插补技术、空间刀补、机床几何误差补偿、热变形补偿、动态误差补偿和智能故障诊断技术、双轴同步驱动技术、数控系统现场总线协议、旋转刀具中心编程（RTCP）技术等。这些指标和功能可满足各种 5 轴联动加工机床、精密数控车床、车铣复合加工机床等控制功能要求。

1.3.2 数控机床的发展

从目前的发展动态来看，数控机床的发展主要呈现以下几个方面的趋势。

1. 高速、高效、高精度化 速度和精度是数控机床的两个重要指标，它直接关系到加工效率和产品质量。目前实现高速、高效、高精度化的技术主要有：

（1）计算机的升级换代 数控系统采用位数、频率更高的处理器，以提高系统的基本运算速度。同时，采用超大规模的集成电路和多微处理器结构，以提高系统的数据处理能力，即提高插补运算的速度和精度。采用前馈控制技术，使追踪滞后误差大大减小，从而改善拐角切削的加工精度。

（2）伺服驱动装置的发展 将一个直接驱动的直线电动机（直线运动）或扭矩电动机（旋转运动）的定子和转子分别直接连接在机床床身和运动部件上，实现驱动与运动部件之间的传动链缩短至零，这就是所谓的"零传动"技术。在进给伺服机构上，从步进电动机驱动到直线伺服电动机驱动，传动机构不断简化，其高速度和动态响应特性相当优越；在主传动系统中，由机械有级变速到电动机与主轴集成一体的电主轴，已经完全突破了传统主传动链的概念；采用零传动技术的机床，其进给速度可轻松地达到 120m/min，以及 400m/s^2 的加速度，系统定位精度可达微米级甚至纳米级，这些重要指标都是以前采用伺服电动机 + 滚珠丝杠传动副传统机构的数控机床所望尘莫及的。

在传动机构上，直线滚动导轨、磁浮轴承、液体静压轴承或陶瓷滚动轴承等，其精度、耐磨性、精度保持性、低速运动平稳性等性能越来越高。

（3）新的加工工艺的运用　新的加工方法与工艺不断引入数控加工领域，例如，随着光纤激光技术的进步和激光器功率的提高，激光不仅可切割较厚的钢板，还能够以前所未有的进给速度和精度进行切割和焊接加工。将数控技术与最先进的激光技术结合起来，推出了激光复合加工中心，复合了3D激光加工、激光精密切割、钻孔等，采用激光代替旋转的切削刀具，以非机械接触的方式精密切割，加工材料的范围被大大地扩展，可加工淬火钢、陶瓷、硬质合金、金刚石等。还有那些零件形状微小且复杂，用再小的刀具也难以实施理想加工的工件。

（4）新型机床结构的研制　图1-8所示是一种完全不同于原来数控机床结构的新型数控机床，20世纪90年代被开发成功。这种机床被称为并联机床或六杆机床、虚拟轴机床。它没有导轨和滑台，采用能够伸缩的"6条腿"（伺服轴）支撑并联，并与安装主轴头的上平台和安装工件的下平台相连。它可实现多坐标联动加工，其控制系统结构复杂，加工精度、加工效率较普通加工中心高2～10倍。这种数控机床的出现将给数控机床技术带来重大变革和创新。

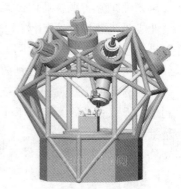

图1-8　并联机床

2. 智能化　随着人工智能（包括专家系统、模糊系统、神经网络控制和自适应控制等）理论与技术的发展与成熟，数控机床的智能化程度将不断提高。例如，自适应控制可以根据切削条件的变化，自动调节工作参数，使加工过程中能保持最佳工作状态；人工智能专家诊断系统使自诊断、自修复和故障监控功能更趋完善；极为友好的人机界面使信息交流不再局限于用文字和语言表达，而可以直接使用图形、图像、声音、动画等可视听信息，可视化技术与虚拟环境技术相结合，可实现无图纸设计、虚拟样机技术等，实现声控自动编程、图形扫描自动编程，实现参数自动设定、数据动态处理和显示、三维彩色立体动态图形模拟仿真和实际加工动态跟踪，实时监控系统和生产现场。

3. 开放化　传统的数控系统是封闭式体系结构，加工过程变量根据经验以固定参数形式事先设定，加工程序在实际加工前编制好。CAD/CAM和CNC之间没有反馈控制环节，整个制造过程中CNC只是一个封闭式的执行机构。加工过程中的刀具组合、工件材料、切削用量、刀具轨迹等加工参数，无法根据现场实际变化因素实时动态调整。更没有反馈控制环节随机修正CAD/CAM中的设定量，因而影响CNC的工作效率和产品加工质量，限制了CNC向多变量智能化控制发展。专用型封闭式开环控制模式正向通用型开放式实时动态全闭环控制模式发展。具有开放式体系结构的数控系统其硬件、软件和总线规范都是对外开放的，用户可在系统上进行二次开发，可以根据自己的产品特征开发相应的单元功能模块。体系结构的开放化使数控系统具有更好的通用性、柔性、适应性、扩展性，促进了数控系统多档次、多品种的开发和应用，有利于数控系统向智能化、网络化方向发展。

4. 功能复合化　数控机床加工功能的复合化，进一步提高其工序集中度，减少多工序加工零件的上下料和工序转换时间。现代数控机床采用多主轴、多联动、多面体切削，配以高效自动换刀系统（刀库容量可达100把以上），能在同一台机床上同时实现铣、镗、钻、车、铰孔、扩孔、攻螺纹等多种工序加工。采用多CPU结构和分级中断控制方式，可在一台机床上同时进行零件加工和程序编制，实现所谓的"前台加工，后台编辑"。

5. 可靠性最大化　数控机床的可靠性一直是用户最关心的主要指标。数控系统将采用更高集成度的电路芯片，利用大规模或超大规模的专用及混合式集成电路，以减少元器件的数量。通过硬件功能软件化，以适应各种控制功能的要求。同时采用硬件结构的模块化、标准化和通用化及系列化，提高产量，保证质量。还通过自动运行启动多种诊断程序，实现对系统的故障诊断和报警。利用容错技术，对重要部件采用"冗余"设计，以实现故障自恢复；利用测试、监控技术，当出现各种意外时，自动进行相应的保护。

6. 网络化　为了适应柔性制造系统和计算机集成系统的要求，数控系统具有远距离串行接口，甚至可以联网，实现数控机床之间的数据通信，也可以直接对多台数控机床进行控制。数控机床网络化的重要意义主要体现在三个方面：第一是在企业内部，具有网络功能的数控机床可充分实现企业内部资源和信息的共享，以实现企业生产控制系统的集成；第二是在企业之间，数控机床的网络化功能可以更好地适应敏捷制造（Agile Manufacturing，AM）等先进制造模式，促进企业间的合作与资源共享；第三是数控机床的网络化使制造商能够通过计算机网络为用户提供远程故障诊断、维修、技术咨询等服务。因此，数控机床的网络化将极大地满足生产线、制造系统、制造企业对信息集成的需求，也是实现新的制造模式如敏捷制造、虚拟企业（Virtual Enterprises，VE）、全球制造（Global Manufacturing，GM）的重要基础单元。

1.3.3　机械制造自动化系统的发展

随着 CNC 技术、信息技术、网络技术以及系统工程学的发展，为单机数控化向计算机控制的多机制造系统自动化发展创造了必要的条件。目前，已经出现的柔性制造单元（Flexible Manufacturing Cell，FMC）、柔性制造系统（Flexible Manufacturing System，FMS）、计算机集成制造系统（Computer Integrated Manufacturing System，CIMS），都是以数控技术为基础的现代制造系统。

1. 柔性制造单元（FMC）和柔性制造系统（FMS）　柔性制造单元是由单元计算机、加工中心和自动交换工件装置组成。单元计算机负责作业调度、自动检测与工况自动监控等功能。自动交换工件装置在单元计算机控制下将工件传送到加工中心上，加工中心进行数控加工，使得加工的柔性、精度和生产率更高。柔性制造单元可作为组成柔性制造系统的基础，也可用作独立的自动化加工设备。

柔性制造系统是在 FMC 的基础上发展起来的一种高度自动化加工生产线，由中央计算机、若干台数控机床、物料和工具搬运设备、产品零件自动传输设备、自动检测和试验设备等组成。这些设备及控制分别组成了加工系统、物流系统和中央管理系统。柔性制造系统具有很高的加工效率和较强的柔性，能解决机械加工中高度自动化和高度柔性化的矛盾，使两者有机地结合于一体，是当前现代制造技术发展的方向。图 1-9 是某产品零件的柔性制造系统。车间中部设置托盘和上下料工作站，两边排列数控机床，两头布置主控计算机和零件检测、清洗和包装工位。

2. 计算机集成制造系统（CIMS）　计算机集成制造系统有一个公用的数据库。它对信息资源进行存储和管理，并与各个计算机子系统进行通信。通过计算机信息技术模块把工程设计、经营管理和加工制造三大自动化子系统集成起来，以实现机械制造自动化。图 1-10 是 CIMS 技术集成关系图。

图 1-9　某产品零件的柔性制造系统

（1）工程设计系统　主要包括计算机辅助工程分析（Computer Aided Engineering，CAE）、计算机辅助设计（Computer Aided Design，CAD）、成组技术（Group Technology，GT）、计算机辅助工艺过程设计（Computer Aided Process Planning，CAPP）和计算机辅助制造（Computer Aided Manufacturing，CAM）等。

（2）经营管理系统　主要包括管理信息系统（Management Information System，MIS）、制造资源计划（Manufacturing Resource Planning，MRP）、生产管理（Production Management，PM）、质量控制（Quality Control，QC）、财务管理（Financial Management，FM）、经营计划管理（Business Management，BM）和人力资源管理（Man Power Resources Management，MP）等。

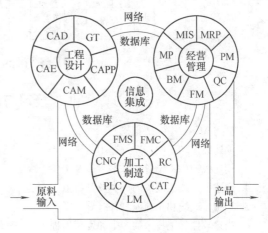

图 1-10　CIMS 技术集成关系图

（3）加工制造系统　主要包括柔性制造系统（FMS）、柔性制造单元（FMC）、数控机床（CNC）、可编程序控制器（Programmable Logic Controller，PLC）、机器人控制器（Robot Controller，RC）、自动测试（Computer Automated Testing，CAT）和物流系统（Logistics Management，LM）等。

图 1-11 是 CIMS 的组成示意图。工厂自动化（Automated Factory，AF）只是其中的一部分，它包括办公室自动化（Office Automated，OA）和柔性制造系统（FMS）两大部分。其中，办公室自动化又包括工程设计和经营管理两大子系统，它由经营管理、产品开发、市场信息、设计管理、生产管理、生产技术以及它们各自的数据库组成。而柔性制造系统由上述各系统集成得到的生产过程信息来控制。毛坯从自动立体仓库的输送机输出，经机器人或搬运车自动搬运到加工机床，经机床加工后，再由机器人或搬运车自动搬运到自动装配线由机器人装配，最后经自动测试检验后输出合格的产品。

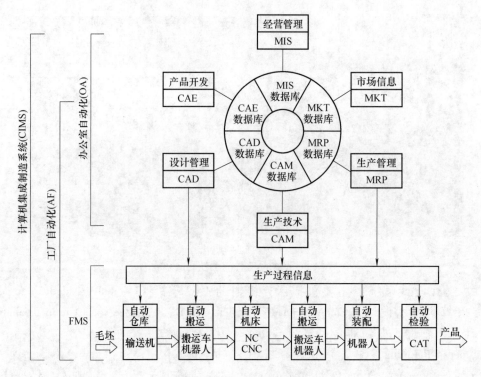

图 1-11　CIMS 的组成示意图

复习与思考题

1. 简述 NC 与 CNC 的概念。
2. 简述数控加工的特点及适用范围。
3. 简述数控加工设备的基本组成及工作原理。
4. 简述数控加工设备的分类及其特点。
5. 点位、直线和轮廓控制各有哪些特点？
6. 简述数控加工技术的产生和发展历程。
7. 说明 FMC、FMS、CIMS 的含义，并简述其系统组成和工作原理。

第2章 数控加工技术的控制原理与传动结构

2.1 数控加工技术自动控制基础

数控加工技术是数字化信息控制加工设备完成加工功能的自动控制技术。要深入了解这门技术，有必要学习自动控制理论。

"自动控制原理"是信息控制学科的基础理论，是一门理论性较强的工程科学。数控机床是自动控制理论在制造业的典型代表，很多自动控制的新理论也不断在数控机床中得到应用，数控机床水平的高低在相当程度上反映了自动控制的发展程度。同样，从数控机床的发展趋势上也可看出自动控制的发展趋势。

所谓自动控制，就是在没有人直接参与的情况下，使生产过程或被控对象的某些物理量准确地按照预期规律变化。例如，数控程序控制机床能够按预先排定的工艺规程自动地进刀切削，加工出预期的零件形状。

2.1.1 自动控制系统的工作原理

首先我们研究一个日常生活中的控制实例，如图2-1所示，人工削苹果。

假设某餐厅要求手工加工50桌苹果拼盘，套用机械加工的工作方法。

1）分析工作任务（生产批量、质量标准等）。

2）制订工艺流程。

3）填写工序卡。

4）进行工序加工。

这里的工艺流程是：采购→清洗→削皮→切块→装盘，共5道工序。

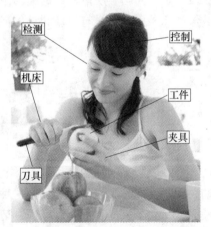

图2-1 人工削苹果

我们具体看削皮这道工序，工序卡应该明确：加工设备与加工方法（人工或机械）、进给路线（连续的环切、断续的纵削或片切）、刀具、夹具、切削用量（去皮厚度等）、工时定额（加工用时）等。这里采用手工、普通水果刀、连续的环切加工方法。下面从自动控制的角度分析削苹果的加工原理。

在这里，连续环形切削进给路线就是人手运动的目标和指令信息，即输入信号，在进给加工过程中，人要用眼睛连续目测刀与苹果的相对位置，并将该位置信息反映给大脑（位置信息反馈），然后大脑判断刀与苹果的实际位置与进给路线要求之间的偏差，产生偏差信号，大脑根据偏差大小发出控制手臂移动的指令，逐渐使进给位置与进给路线要求之间的偏差减小。显然，只要这个偏差存在，上述过程就要反复进行，直到进给路线完成。

从该例中可以看出：大脑指挥手削苹果的过程，实际上是一个利用偏差产生控制作用，并不断使偏差减小直至消除的运动过程。为了取得偏差信号，必须要有手位置的反馈信息，这就是反馈控制。反馈控制实质上是"检测偏差用以纠正偏差"的控制过程。当把手工削苹果视为一个反馈控制系统时，手是被控对象（执行机构），手的位置是被控量，眼睛是检测装置，大脑是控制装置，肌肉和手臂是伺服驱动装置，这样就可以用图2-2所示的系统框图来展示这个反馈控制系统的基本组成及工作原理。

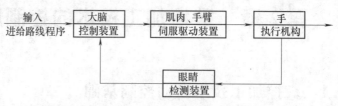

图2-2　手工削苹果控制原理图

反馈控制是自动控制的最基本方法，反馈控制原理就是"检测偏差用以纠正偏差"的原理，反馈就是从输出量通过适当的测量装置将信号全部或一部分返回输入端，使之与输入端进行比较，比较的结果称为偏差。利用反馈控制原理组成的系统称为反馈控制系统。

2.1.2　自动控制系统的基本类型

自动控制系统种类繁多，有机械的、电子的、液压的、气动的等。虽然这些控制系统的功能和复杂程度都各不相同，但其主要类型可分为以下三类：

1. 按系统的结构分类　就其基本结构形式而言，可分为开环控制系统、闭环控制系统和半闭环控制系统。

（1）开环控制系统　如图2-3所示，开环控制系统是没有输出反馈的一类控制系统。由于没有反馈回路，所以系统的输出量仅受输入量的控制。如果由于某种干扰作用使系统输出量偏离原始值，它没有自动纠偏的能力。

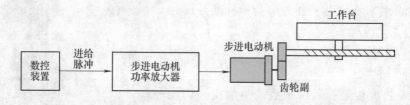

图2-3　数控机床开环控制系统框图

开环控制系统结构简单、价格便宜、容易维修，但精度低，容易受环境变化的干扰影响。对于要求不高的系统可采用这种控制方式。目前国内经济型的数控机床以及旧机床的数控改造，大多采用步进电动机、开环控制系统。

（2）闭环控制系统　输出的信息反馈到输入端，输入信号和反馈信号比较后的差值（即偏差信号）加给控制器后再控制受控对象的输出，从而形成闭环控制回路。

这类数控机床将位置检测元件直接安装在机床工作台上，用以检测机床工作台的实际位置，并与数控装置的指令位置相比较，用差值进行控制。其控制系统框图如图2-4所示。

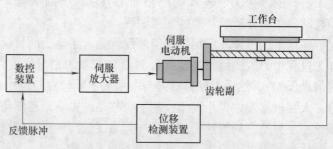

图2-4　数控机床闭环控制系统框图

闭环控制系统精度高、动态性能好、抗干扰能力强等，但结构较复杂、价格较贵，维修人员要求文化素质高。同时，由于是靠偏差来进行控制的，因此，在整个控制过程中始终存在偏差，若系统元件的参数配置不当，则因元件的惯性会引起系统的振荡，使系统不稳定而无法工作，因此，在闭环控制系统中需解决好精度与稳定性之间的矛盾。一般精度要求较高的数控机床多采用此类控制。

（3）半闭环控制系统　在数控机床中，这类控制将检测元件安装在驱动电动机的端部或传动丝杠端部，通过测量转角位移来间接测量工作台的实际位置或位移。机床工作台和机械传动部分均在反馈环路之外，其传动误差仍然会影响工作台的位置精度，故称为半闭环控制系统。图 2-5 所示为半闭环控制系统框图。

半闭环控制类数控机床的加工精度显然没有闭环控制类高，但由于采用了高分辨率的测量元件，这类数控机床仍可获得比较满意的精度和速度。半闭环系统调试比闭环系统方便，稳定性好，成本也比闭环系统低，是一般数控机床最常用的伺服控制系统。

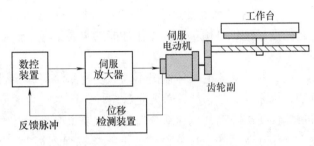

图 2-5　半闭环控制系统框图

2. 按输入信号变化规律分类

（1）恒值（定值）控制系统　恒值控制系统的输入量是一恒定值，系统保证在任何干扰作用下，能维持输出量为恒定值。多数控制系统均属于此类系统，例如稳压电源、恒温系统等。

（2）随动控制系统　随动控制系统又称为伺服系统。这种系统的输入量（给定量）是预先未知的、随时间任意变化的，要求系统被控量以尽可能小的误差跟随给定量变化，故名随动控制系统。如火炮自动瞄准的系统、机械加工中的液压仿形刀架随动系统等。这种系统大多用来控制机械位移及速度。

（3）程序控制系统　当输入量为预定的时间函数时，称为程序控制系统。这种系统的输入量不为常数，但其变化规律是预先知道的，故可预先把输入量的变化规律编成程序，由该程序发出控制指令，再将控制指令转换成控制信号，经过全系统的作用，使被控对象按指令的要求运动。数控机床就是一个典型的程序控制系统。

3. 按信号传递是否连续分类

（1）连续控制系统　当系统中各元件的输入量和输出量均是连续变化的模拟量，就称此类系统为连续控制系统或模拟控制系统。连续系统的运动规律通常可用微分方程来描述。

（2）离散控制系统　当系统中某处或多处的信号是脉冲序列或数码形式时，这种系统称为离散控制系统。通常采用数字计算机控制的系统都是离散控制系统，因而又称其为数字控制系统，系统的给定量、反馈量、偏差量都是数字量，数值上不连续，时间上也是离散的。

数字控制系统的典型代表就是计算机控制的数控机床。计算机在控制系统中的作用是负责采集信号、处理控制规律以及产生控制指令等。

2.1.3　自动控制系统的基本性能要求

自动控制系统用于不同的目的，要求也有所不同。但自动控制技术是研究各类控制系统共同规律的一门技术，对控制系统有一个共同的要求，一般可归结为稳定、快速、准确。

1. 稳定性　由于系统存在着惯性，当系统的各个参数分配不当时，将会引起系统的振荡而失去工作的能力。稳定性就是指动态过程的振荡倾向和系统能够恢复平衡状态的能力。输出量偏离平衡状态后应该随着时间收敛并且最后回到初始的平衡状态。稳定性的要求是系统工作的首要条件。

2. 快速性　快速性是在系统稳定的条件下提出的。所谓快速性是指当系统的输出量与输入量之间产生偏差时，消除这种偏差的快慢程度。

3. 准确性　准确性是指在调整过程结束后输出量与给定的输入量之间的偏差，或称为静态精度，这也是衡量系统工作性能的重要指标。例如数控机床精度越高，则加工精度也越高。

由于受控对象的具体情况不同，各种系统对稳定性、快速性、准确性的要求各有侧重。例如，机床动力学系统，首要是稳定性，因为过大的振荡将会使部件过载损坏。而随动系统对快速性要求较高，调速系统对稳定性要求严格。对于同一系统，其稳定性、准确性、快速性也是相互制约的。快速性好，可能会有强烈振荡；改善稳定性，控制过程又可能过于迟缓，精度也可能变坏。分析和解决这些矛盾是控制理论研究的中心问题。

通常用系统在阶跃信号（作为给定量）作用下的动态响应来表征系统过渡过程的性能。动态指标有最大超调量、上升时间、峰值时间、调整时间和振荡次数。动态响应指标中最主要指标是反映快速性的指标，即过渡过程调整时间，快速性好的系统，消除偏差的过渡过程时间短，能迅速复现快速变化的输入信号；其次的指标是反映过渡过程平稳性的指标。

2.2　计算机数控（CNC）装置

2.2.1　概述

1. 数控系统和数控装置的组成　如图2-6所示，数控机床是由数控系统和机床本体两大部分组成。数控系统具体是由操作面板、输入/输出设备、数控装置、实现机床电器控制的

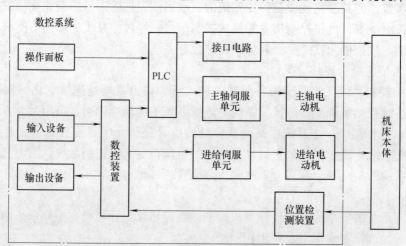

图2-6　机床数控系统组成

PLC 辅助控制装置、实现主运动和进给运动的伺服驱动装置组成。其中，数控装置是数控系统的核心部分。

数控装置由硬件和软件两大部分组成，如图 2-7 所示。硬件是软件活动的舞台，软件是整个装置的灵魂，整个数控装置的活动均依靠软件来指挥。软件和硬件各有不同的特点，软件设计灵活，适应性强，但处理速度慢；硬件处理速度快，但成本高。因此，在 CNC 装置中，数控功能的实现可依据其控制特性来合理确定软硬件的比例。

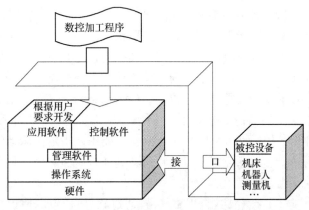

图 2-7　CNC 装置的系统平台

2. 数控装置的工作流程　CNC 系统对零件程序的处理流程如图 2-8 所示。数控机床加工之前，首先要编制零件程序，程序的解释与具体执行，由数控系统来完成。零件程序输入到 CNC 装置后，经过译码、数据处理、插补、位置控制，由伺服装置执行 CNC 装置输出的指令以驱动机床完成加工。

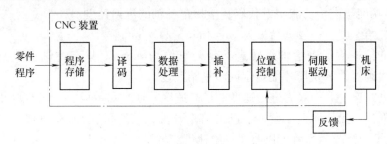

图 2-8　CNC 系统对零件程序的处理流程

（1）输入　零件程序的输入，通常是指将编制好的零件加工程序送入数控装置的过程，可分为手动输入和自动输入两种方式。

（2）译码　译码程序的功能主要是将零件加工程序翻译成便于数控系统计算机处理的格式，其中包括数据信息和控制信息。译码程序以程序段为单位处理零件加工程序，将其中的轮廓信息（如起点、终点、直线、圆弧等）、加工速度（F 代码）和辅助功能信息（M、S、T 代码），翻译成便于计算机处理的信息格式，并存放在指定的内存专用空间。

（3）数据处理　数据处理包括刀具补偿、速度计算以及辅助功能的处理等。刀具补偿分刀具长度补偿和刀具半径补偿。速度计算是按编程所给的合成进给速度计算出各坐标轴运动方向的分速度。辅助功能如换刀、主轴起停、切削液开关等大部都是开关量信号。通常由 PLC 辅助控制装置来实现。

（4）插补　所谓插补，即已知运动轨迹的起点、终点、曲线类型和走向，计算出运动轨迹所要经过的中间点坐标。伺服装置根据插补输出的中间点坐标值来控制机床运动，走出预定轨迹。

（5）位置控制　位置控制的主要任务是在每个采样周期内，将插补计算出的理论位置与实际反馈位置相比较，用其差值去控制进给伺服电动机。

3. 数控装置的功能

（1）控制轴数和联动轴数 CNC装置能控制的轴数以及能同时控制（即联动）的轴数是其主要性能之一。控制轴包括移动轴和回转轴，基本轴和附加轴。联动轴可以完成轮廓轨迹加工。普通数控车床只需2轴控制，2轴联动；一般数控铣床需要3轴控制，2.5轴或3轴联动；一般加工中心为3轴联动，多轴控制。控制轴数越多，特别是同时控制轴数越多，CNC装置的功能越强；同时，CNC装置就越复杂，编制程序就越困难。

（2）准备功能 准备功能也称G功能，ISO标准中规定准备功能有G00～G99共100种，数控系统可从中选用。准备功能用来指定机床动作方式，包括基本移动、程序暂停、平面选择、坐标设定、刀具补偿、基准点返回、固定循环、米制/英制转换等。它用字母G与数字组合来表示。

（3）插补功能 CNC装置通过软件进行插补计算，特别是数据采样插补是当前的主要方法。插补计算实时性很强，有采用高速微处理器的一级插补，以及粗插补和精插补分开的二级插补。一般数控装置都有直线和圆弧插补，高档数控装置还具有抛物线插补、螺旋线插补、极坐标插补、正弦插补、样条插补等功能。

（4）主轴速度功能 它是指控制主轴运动的功能。用S和数字表示转速，如S1500；有恒转速和表面恒线速两种运转模式，还有主轴定向准停、主轴换向和起停控制。

（5）进给功能 进给功能用F代码直接指定各轴的进给速度。

1）切削进给速度。一般进给量为1mm/min～24m/min。

2）同步进给速度。进给轴每转进给量，单位为mm/r。只有主轴上装有位置编码器（一般为脉冲编码器）的机床才能指定同步进给速度。

3）快速进给速度。一般为进给速度的最高速度，通过参数设定，用G00指令执行。

4）进给倍率。操作面板上设置了进给倍率开关，倍率可在0%～200%之间换挡变化，使用倍率开关不用修改程序就可以改变进给速度。

（6）补偿功能 它包括刀具长度补偿、刀具半径补偿和刀尖圆弧补偿以及间隙补偿和温度变形补偿。

（7）固定循环加工功能 钻孔、攻螺纹、镗孔、深孔钻削、切螺纹等所需完成的动作循环十分典型，将这些典型动作预先编好程序并存储在内存中，用G代码进行指定，即为固定循环指令。使用固定循环指令可以简化编程。

（8）辅助功能（M代码） 辅助功能从M00～M99共100种。各种型号的数控装置具有辅助功能的多少差别很大，而且有许多是自定义的。常用的辅助功能有程序停、主轴正/反转、切削液接通和断开、换刀等。

（9）字符图形显示功能 CNC装置可配置显示器，通过软件和接口实现字符、图形显示。可以显示程序、机床参数、各种补偿量、坐标位置、故障信息、人机对话编程菜单、零件图形、动态刀具模拟轨迹等。

（10）程序编制功能

1）手工编程。用键盘按照零件图样，遵循系统的指令规则人工编写零件程序。

2）后台编程。后台编程也叫在线编程，程序编制方法同手工编程，但可在机床加工过程中进行，因此不占机床时间。这种CNC装置内部有专用于编程的CPU。

3）自动编程。CNC 装置内有自动编程软件系统，由专门的 CPU 来管理编程。如美国的 Master CAM、国产 CAXA 等图形交互式自动编程系统。

（11）输入/输出和通信功能　一般的 CNC 装置可以接多种输入、输出外设，实现程序和参数的输入/输出和存储。CNC 装置与外部设备通信采用 RS—232C 接口连接。

由于 FMS 等技术的发展，CNC 装置必须能够和其他计算机或网络通信，以便能和物料运输系统或工业机器人等控制系统通信。如 FANUC 公司、SIEMENS 公司、美国的 A&B 公司等高档数控系统，都具有功能很强的通信功能，可以与 MAP（制造自动化协议）相连，进行网络通信，以适应 FMS、CIMS 的要求。

（12）自诊断功能　CNC 装置中设置了各种诊断程序，可以防止故障的发生或扩大。在故障出现后可迅速查明故障类型及部位，减少故障停机时间。

总之，CNC 数控装置的功能多种多样，而且随着数控技术的发展，功能越来越丰富。其中的控制功能、插补功能、准备功能、主轴功能、进给功能、刀具功能、辅助功能、字符显示功能、自诊断功能等属于基本功能。而补偿功能、固定循环功能、图形显示功能、通信功能和人机对话编程功能则属于选择功能。

2.2.2　数控装置的硬件结构

CNC 装置是在硬件支持下，通过系统软件控制进行工作的。其硬件结构，按微处理器的个数可分为单微处理器结构和多微处理器结构。

1. 单微处理器结构　一般简易的经济型 CNC 装置采用单微处理器结构。

所谓单微处理器，是指在 CNC 装置中只有一个微处理器（CPU），工作方式是集中控制、分时处理数控系统的各项任务。如存储、插补运算、输入/输出控制、显示等。某些 CNC 装置中虽然用了两个以上的 CPU，但能够控制系统总线的只是其中的一个 CPU。它独占总线资源，通过总线与存储器、输入/输出控制等各种接口相连。其他的 CPU 则作为专用的智能部件，不能控制总线，也不能访问存储器。这是一种主从结构，故被归属于单微处理器结构中。单微处理器结构框图如图 2-9 所示。

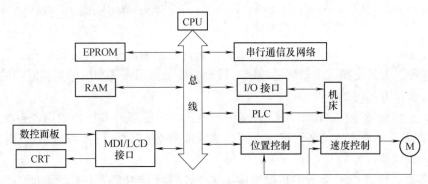

图 2-9　单微处理器结构框图

单微处理器结构的 CNC 装置具有如下一些特点：

1）CNC 装置内只有一个微处理器，对存储、插补运算、输入/输出控制、显示等功能都由它集中控制、分时处理。

2）微处理器通过总线与存储、输入/输出控制等接口相连，构成 CNC 装置。

3）结构简单，容易实现。

4）单微处理器因为只有一个微处理器集中控制，其功能将受到微处理器字长、数据宽度、寻址能力和运算速度等因素限制。由于插补等功能由软件来实现，因此数控功能的实现与处理速度成为一对矛盾。

2. 多微处理器结构　随着现代制造技术的发展，对数控机床提出了复杂功能、高进给速度和高加工精度的要求，FMS 和 CIMS 系统也对数控机床提出了新的控制要求，因此多微处理器得到迅速的发展。

多微处理器 CNC 装置多采用模块化结构。每个微处理器分管各自的任务，形成特定的功能单元，即功能模块。由于采用模块化结构，可以采取积木方式组成 CNC 装置，因此具有良好的适应性和扩展性，且结构紧凑。由于插件模块更换方便，因此可使故障对系统的影响降到最低限度。与单微处理器 CNC 装置相比，多微处理器 CNC 装置的运算速度有了很大的提高，它更适合于多轴控制、高进给速度、高精度、高效率的数控要求。

多微处理器 CNC 装置一般采用两种结构形式，即紧耦合结构和松耦合结构。在前一种结构中，由各微处理器构成处理部件，处理部件之间采用紧耦合方式，有集中的操作系统，共享资源。在后一种结构中，由各微处理器构成功能模块，功能模块之间采用松耦合方式，有多重操作系统，可以有效地实现并行处理。

（1）多微处理器 CNC 装置的基本功能模块　多微处理器 CNC 装置一般包括以下 6 种基本模块。若进一步扩展功能，还可增加相应的模块。

1）CNC 管理模块。管理和组织整个 CNC 系统的工作，主要包括初始化、中断管理、总线裁决、系统出错识别和处理、系统软硬件诊断等功能。

2）CNC 插补模块。完成插补前的预处理，如对零件程序的译码、刀具半径补偿、坐标位移量计算、进给速度处理等；进行插补计算，为各个坐标提供位置给定值。

3）位置控制模块。进行位置给定值与检测器测得的位置实际值的比较，进行自动加减速、回基准点、伺服系统滞后量的监视和漂移补偿，最后得到速度控制的模拟电压，以便驱动进给电动机。

4）存储模块。该模块为程序和数据的主存储器，或为功能模块间进行数据传送的共享存储器。

5）PLC 模块。对零件程序中的开关功能和来自机床的信号进行逻辑处理，实现机床电气设备的起停、刀具交换、主轴转速控制、转台分度、加工零件和机床运转时间的计数，以及各功能、操作方式间的连锁等。

6）指令、数据的输入/输出及显示模块。包括零件程序、参数和数据，各种操作命令的输入/输出及显示所需要的各种接口电路，如纸带阅读机接口，打印机接口，键盘、CRT/LCD 接口，通信接口等。

（2）多微处理器 CNC 装置的典型结构　多微处理器 CNC 装置各模块之间的互连和通信主要采用共享总线和共享存储器两类结构。

1）共享总线结构。将各功能模块插在配有总线插座的机箱内，由系统总线把各个模块有效地连接在一起，按照要求交换各种控制指令和数据，实现各种预定的功能。

在共享总线的结构中，挂在总线上的功能模块分为带有 CPU 或 DMA 器件的主模块和不带 CPU 或 DMA 器件的从模块（如各种 RAM/EPROM 模块、I/O 模块等），只有主模块才有权控制使用总线，而且某一时刻只能由一个主模块占有总线。在共享总线结构中，必须解决多个主模块同时请求使用总线的竞争问题。为此必须要有仲裁机构，当多个主模块争用总线时，判别出其优先权的高低。通常采用两种方式：串行裁决方式和并行裁决方式。在串行总线裁决方式中，由各主模块的链接位置来决定其优先权。某个主模块只有在前面优先权更高的主模块释放总线后，才能使用总线，同时通知后面优先权较低的主模块不得使用总线。在并行总线裁决方式中，通常采用由优先权编码器和译码器等组成的专门逻辑电路来解决各主模块使用总线优先权的判别问题。

在共享总线结构中，多采用公共存储器方式进行各模块之间的信息交换。公共存储器直接挂在系统总线上，各主模块都能访问，可供任意两个主模块交换信息。共享总线结构框图如图 2-10 所示。

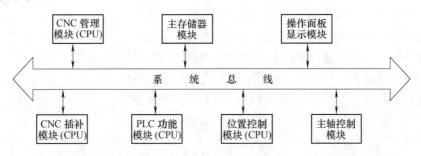

图 2-10　共享总线结构框图

共享总线结构系统配置灵活，结构简单，容易实现，无源总线造价低，因此经常被采用。该种结构的缺点是由于各主模块使用总线时会引起"竞争"而使信息传输效率降低，总线一旦出现故障就会影响全局。

2）共享存储器结构。采用多端口存储器来实现各微处理器之间的互连和通信，每个端口都配有一套数据、地址、控制线，以供端口访问。由专门的多端口控制逻辑电路解决访问的冲突问题。图 2-11 所示为具有四个微处理器的共享存储器结构框图。当微处理器数量增多时，往往会由于争用共享存储器而造成信息传输的阻塞，降低系统效率，因此这种结构功能扩展比较困难。

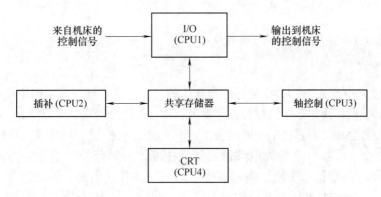

图 2-11　具有四个微处理器的共享存储器框图

2.2.3　数控装置的软件结构

1. CNC 装置软件结构的特点　CNC 系统是一个实时性很强的多任务系统，在它的软件设计中，融合了许多当今计算机软件设计的先进技术。在单 CPU 数控装置中，其软件结构常采用前后台型的软件结构和中断型的软件结构；而在多 CPU 数控装置中，通常是各个 CPU 分别承担一项任务，然后通过它们之间相互通信、协调工作来完成控制。但无论何种控制方式，CNC 装置的软件结构都具有多任务并行处理和多重实时中断处理两大特点。

（1）多任务并行处理　CNC 装置作为一个独立的过程控制单元用于自动加工中，其系统软件必须完成管理和控制两项任务。CNC 装置的管理任务包括输入、I/O 处理、显示、诊断等，控制任务包括译码、刀具补偿、速度处理、插补、位置控制等，如图 2-12 所示。

在许多情况下，CNC 装置中的管理和控制的某些工作必须同时进行，即所谓的并行处理，这是由 CNC 装置的工作特点所决定的。例如，当 CNC 装置工作在加工控制状态时，为了使操作人员及时了解 CNC 装置的工作状态，显示任务必须与控制任务同时执行。在控制加工过程中，I/O 处理是必不可少的，因此控制任务需要与 I/O 处理任务同时执行。无论是输入、显示、I/O 处理，还是加工控制都应伴随有故障诊断。因此输入、显示、I/O 处理、加工控制等任务应与诊断任务同时执行。在控制软件运行中，其本身的各项

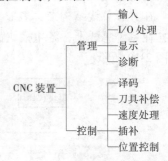

图 2-12　CNC 装置的任务分解图

处理任务也需要同时执行。如为了保证加工的连续性，即各程序段间进给运动不停顿，译码、刀具补偿和速度处理任务需要和插补任务同时执行，插补任务又需要和位置控制任务同时进行。图 2-13 表示出了各任务之间的并行处理关系。图中，双箭头表示两任务之间有并行处理关系。

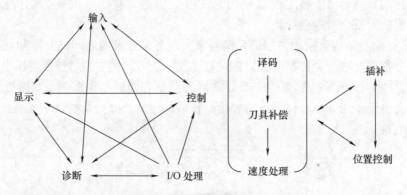

图 2-13　任务并行处理图

（2）多重实时中断处理　CNC 装置控制软件的另一个重要特征是实时中断处理。CNC 装置的多任务性和实时性决定了中断成为整个系统软件必不可少的重要组成部分。CNC 装置的中断管理主要靠硬件完成，而系统的中断结构决定于系统软件的结构。中断的类型如下：

1）外部中断。主要有纸带光电阅读机读孔中断，外部监控中断（如急停、量仪到位等）和操作面板、键盘输入中断。前两种中断的实时性要求很高，通常把这两种中断放在较高的优先级上，而键盘和操作面板输入中断则放在较低的中断优先级上。在有些系统中，甚至用查询的方法来处理键盘和操作面板输入中断。

2）内部定时中断。主要有插补周期定时中断和位置采样定时中断。在有些系统中，这两种定时中断合二为一。但在处理时，总是先处理位置控制，然后处理插补运算。

3）硬件故障中断。它是各种硬件故障检测装置发生的中断，如存储器出错、定时器出

错等。

4）程序性中断。它是程序中出现的各种异常情况的报警中断，如各种溢出、除零等。

2. CNC 装置软件结构的类型　在 CNC 软件的设计中，必须考虑 CNC 装置的实时、多任务、并行处理等特点。CNC 软件可以设计成不同的结构形式。不同的软件结构，对各项任务的安排方式不同，管理方式也不同。常见的 CNC 软件结构有前后台型软件结构、中断型软件结构和基于实时操作系统的结构模式。

（1）前后台型软件结构　前后台型软件结构适合于采用集中控制的单微处理器 CNC 装置。在这种软件结构中，CNC 装置软件由前台程序和后台程序组成。前台程序为实时中断程序，承担了几乎全部的实时功能。这些功能都与机床动作直接相关，如位置控制、插补、辅助功能处理、监控、面板扫描及输出等。后台程序主要用来完成准备工作和管理工作，包括输入、译码、插补准备及管理等，通常称为背景程序。背景程序是一个循环运行程序，在其运行过程中实时中断程序不断插入，前、后台程序相互配合完成加工任务。如图 2-14 所示，程序启动运行完初始化程序后，即进入背景程序环，同时开放定时中断，每隔一固定时间间隔（如 10.24ms）发生一次中断，执行一次中断服务程序。这样，中断程序和背景程序有条不紊地协同工作。

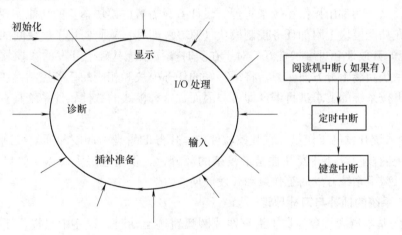

图 2-14　前后台型软件结构示意图

（2）中断型软件结构　中断型软件结构没有前后台之分，除了初始化程序外，根据各控制模块实时要求的不同，把控制程序安排成不同级别的中断服务程序，整个软件是一个大的多重中断系统，系统的管理功能主要通过各级中断服务程序之间的通信来实现。表 2-1 为一个典型的中断型软件结构，将控制程序分成 8 级中断程序，其中 7 级中断级别最高，0 级中断级别最低。位置控制被安排在级别较高的中断程序中，其原因是刀具运动的实时性要求最高，CNC 装置必须提供及时的服务。LCD 显示级别最低，在不发生其他中断的情况下才进行显示。

表 2-1　数控装置中断型软件的结构

中 断 级 别	主 要 功 能	中 断 源
0	控制 LCD 显示	硬件
1	译码、刀具中心轨迹、显示处理	软件，16ms 定时

（续）

中 断 级 别	主 要 功 能	中 断 源
2	键盘监控、I/O信号处理、穿孔机控制	软件，16ms定时
3	外部操作面板、电传打字机处理	硬件
4	插步计算、终点判别及转段处理	软件，8ms定时
5	阅读机中断	硬件
6	位置控制	4ms硬件时钟
7	测试	硬件

（3）基于实时操作系统的结构模式　实时操作系统（RTOS）是操作系统的一个重要分支。它除了具有通用操作系统的功能外，还具有任务管理、多种实时任务的调度机制、任务间的通信机制等功能，完全满足数控软件系统的要求。这种结构模式的优点在于：

1）弱化了功能模块间的耦合关系。数控装置软件的各功能模块间存在着逻辑上的耦合关系和时间上的时序配合关系。为了协调这些功能模块间的关系，必须采用许多全局变量和大量的判断、分支结构，致使各功能模块间的关系十分复杂。在实时操作系统的基础上开发数控系统时，这一切都由操作系统来管理，设计者只需考虑模块本身的功能实现，并按操作系统的规定在功能模块上附加任务控制模块（TCB）即可，从而弱化了模块间的耦合关系。

2）系统的开放性和可维护性好。对于在实时操作系统基础上开发的数控软件系统，要扩充和修改系统功能十分方便。只需将编写好的任务模块和相应的任务控制模块挂到实时操作系统上，再按系统的要求进行编译即可。因而，这种模式的数控软件系统具有良好的可维护性和开放性。

3）减少系统开发的工作量。在数控软件中，任务的管理、调度和通信机制是系统的核心部分。系统内核的设计开发往往是最复杂的部分，工作量也最大。以实时操作系统为内核，显然可以减少系统开发的工作量和开发周期。

2.2.4　CNC系统的插补与刀补原理

1. 插补的基本概念　数控加工沿直线或圆弧轨迹运动时，程序中只提供了刀具运动路线的起点、终点坐标等基本数据，而刀具怎么从起点沿运动轨迹走向终点则由数控系统的插补装置或插补软件来控制。被加工零件的实际轮廓种类很多，严格说来，为了满足加工要求，刀具运动轨迹应该准确地按零件的轮廓形状生成。然而，对于复杂的曲线轮廓，直接计算刀具运动轨迹非常复杂，计算工作量很大，不能满足数控加工的实时控制要求。因此，在实际应用中，在进给路线的起点和终点之间插入一系列的中间点，进行数据点的密化工作，点与点之间用许多小直线段或圆弧去逼近（或称为拟合）零件轮廓曲线，从而对各坐标轴进行脉冲分配，完成整个曲线的轨迹运行。如图2-15a、b所示，即通常所说的直线和圆弧插补。

现代数控机床大多都具有直线插补和平面圆弧插补的功能，有的机床还具有一些非圆曲线（如抛物线、螺旋线）插补功能。

2. 插补方法　插补的任务就是根据进给速度的要求，完成在轮廓起点和终点之间的中间点的坐标值计算。对于轮廓控制系统来说，插补运算是最重要的计算任务。插补对机床控制必须是实时的。插补运算速度直接影响系统的控制速度，而插补计算精度又影响到整个

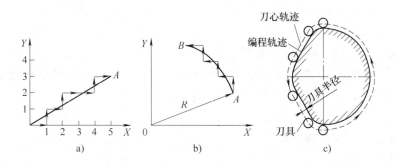

图 2-15　插补和刀补
a) 直线插补　b) 圆弧插补　c) 刀具半径补偿

CNC 系统的精度。人们一直在努力在探求计算速度快的同时计算精度又高的插补算法。目前普遍应用的插补算法分为脉冲增量插补和数据采样插补两大类。

（1）脉冲增量插补　脉冲增量插补就是通过向各个运动轴分配脉冲，控制机床坐标轴作相互协调的运动，从而加工出一定形状零件轮廓的算法。常用脉冲增量插补法有逐点比较插补法和数字积分插补法。

逐点比较法是通过逐点地比较刀具与所需插补曲线之间的相对位置，确定刀具的进给方向，进而加工出工件轮廓的插补方法。逐点比较法工作流程图如图 2-16 所示。

（2）数据采样插补　数据采样插补就是使用一系列首尾相连的微小直线段来逼近给定曲线，由于这些微小直线段是根据编程进给速度，按系统给定的时间间隔来进行分割的，所以又称为"时间分割法"插补。

3. 刀补原理　刀补是指数控加工中的刀具半径补偿和刀具长度的补偿。具有刀具半径补偿功能的机床数控装置，能使刀具中心自动地相对于零件实际轮廓向外或向内偏离一个指定的刀具半径值，并使刀具中心在这偏离后的补偿轨迹上运动，刀具刃口正好切出所需的轮廓形状，如图 2-15c 所示。编程时直接按照零件图样的实际轮廓大小编写，再添加上刀补指令代码，然后在机床刀具补偿寄存器对应的地址中输入刀具半径值即可。加工时由数控机床的数控装置临时从刀补地址寄存器中提出刀具半径值，再进行刀补运算，然后控制刀具中心走在补偿后的轨迹上。刀具长度补偿主要是用于补偿由于刀具长度发生变化的情况。

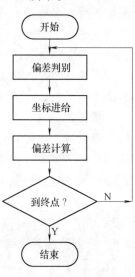

图 2-16　逐点比较法
工作流程图

2.2.5　数控装置与 PLC

1. PLC 在数控机床中的作用及特点　数控机床采用的顺序控制装置主要有两类：一类为传统的继电器逻辑电路（RLC），另一类为可编程序控制器（PLC）。与继电器逻辑电路相比，可编程序控制器 PLC 具有如下特点：

1）PLC 实际上是计算机系统，具有面向用户的指令和专为存储用户程序的存储器。整个控制逻辑用软件实现，因此其功能强，修改控制逻辑方便。适用于控制对象复杂、控制逻辑需要临时变更的场合。

2）PLC 没有继电器那些接触不良、触点熔焊、线圈烧断等故障，运行时无振动、无噪声，且具有很强的抗干扰能力，可以在环境较差的情况下稳定可靠地运行。

3）PLC 结构紧凑、体积小，容易装入机床内部电器柜内，便于实现数控机床的机电一体化。因此采用可编程序控制器，使数控机床结构更加紧凑，功能更强，工作更可靠。

2. PLC 辅助控制功能的实现　图 2-17 所示为 PLC 辅助控制功能的信息处理。

（1）机床操作面板控制　将操作面板上的控制信号直接送入数控系统的接口信号区，以控制数控系统的运行。其中包括：

1）S 功能处理。在 PLC 中很容易地用四位代码直接指定转速。

2）T 功能处理。数控装置通过 PLC 可管理刀库，进行自动刀具交换。处理的信息包括刀库选刀方式、刀具累计使用次数、刀具剩余寿命和刀具刃磨次数等。

3）M 功能处理。M 功能是辅助功能，根据不同的 M 代码，可控制主轴正反转和停止，主轴齿轮箱的换挡变速，主轴准停，切削液的

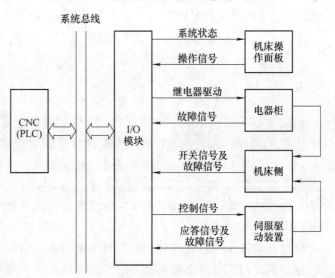

图 2-17　PLC 辅助控制功能的信息处理

开、关，卡盘的夹紧、松开及换刀机械手的取刀、归刀等动作。

（2）机床外部开关信号的控制　将机床侧的控制开关信号送入 PLC，经逻辑运算后，输出给控制对象。这些控制开关包括按钮、行程开关、接近开关、压力开关和温控开关等。

（3）输出信号控制　PLC 输出的信号经继电器、接触器或液压、气动电磁阀对刀库、机械手和回转工作台等装置进行控制，另外还有冷却、润滑和油泵电动机等的控制。

（4）伺服控制　控制主轴、伺服进给及刀库驱动的控制信号，以满足伺服驱动的条件。

（5）报警处理控制　当出现故障时，PLC 收集强电柜、机床侧和伺服驱动的故障信号，将报警标志区中的相应报警标志位置位，数控系统便显示报警号及报警文本，以方便故障诊断。

2.2.6　典型数控系统简介

数控系统是数控机床的核心。数控机床根据功能和性能要求，配置不同的数控系统。数控系统不同，其指令代码也有差别，因此，编程时应按所使用数控系统代码的编程规则进行编程。

国外的 FANUC（日本）、SIEMENS（德国）、FAGOR（西班牙）、HEIDENHAIN（德国）、MITSUBISHI（日本）等公司的数控系统及相关产品，在数控机床行业占有主导地位；我国数控产品以华中数控、蓝天数控为代表，也已将高性能数控系统产业化。下面简单介绍其中几种常见的数控系统。

1. FANUC 公司的主要数控系统　FANUC 0 系列数控系统分为 A 型、B 型、C 型和 D 型产品，FANUC 0 系列中，国内使用较多的是普及型 FANUC 0-D 和全功能型 FANUC 0-C 两个子系列。

目前在国内，FANUC 0i 系列已成主流产品，各机床生产厂家已大量采用。本书介绍的数控系统以 FANUC 0i 系列为主。

具有网络功能的超小型、超薄型 FANUC 16i/18i/21i 系列，控制单元与 LCD 集成于一体。其中 FS16i-MB 的插补、位置检测和伺服控制以纳米为单位。16i 最大可控 8 轴，6 轴联动；18i 最大可控 6 轴，4 轴联动；21i 最大可控 4 轴，4 轴联动。

除此之外，还有实现机床个性化的 16/18/160/180 系列。

2. SIEMENS 公司的主要数控系统

（1）SINUMERIK 802S/C　SINUMERIK 802S/C 用于车床、铣床等，可控 3 个进给轴和 1 个主轴，802S 适于步进电动机驱动，802C 适于伺服电动机驱动。具有数字 I/O 接口。

（2）SINUMERIK 802D　SINUMERIK 802D 用于控制 4 个进给轴和 1 个主轴、PLC I/O 模块，具有图形式循环编程，车削、铣削/钻削工艺循环，FRAME（包括移动、旋转和缩放）等功能，为复杂加工任务提供智能控制。

（3）SINUMERIK 810D　SINUMERIK 810D 用于数字闭环驱动控制，最多可控制 6 轴（包括 1 个主轴和 1 个辅助主轴），紧凑型可编程输入/输出。

（4）SINUMERIK 840D　SINUMERIK 840D 是全数字模块化数控设计，用于复杂机床、模块化旋转加工机床和传送机床，最大可控制 31 个进给轴/主轴。

3. 蓝天数控系统　由中国科学院沈阳计算技术研究所自行研制的蓝天 1 号 CNC 系统，其主要性能指标已达到国际先进水平。该系统具有多过程（多通道）、多轴联动功能，每个过程最多可控制 17 个轴，其中可进行 10 轴联动控制。可用于铣床及加工中心、车床及车削中心、磨床及磨制中心以及其他专用机床的控制。

4. 华中数控系统　华中数控以"世纪星"系列数控单元为典型产品，HNC - 21T 为车削系统，最大为 4 轴联动；HNC-21/22M 为铣削系统，最大为 4 轴联动，采用开放式体系结构，内置嵌入式工业 PC。

伺服系统的主要产品包括：HSV-11 系列交流伺服主轴驱动装置、HSV-16 系列全数字交流伺服驱动装置、步进电动机驱动装置、交流伺服主轴驱动装置与电动机、永磁同步交流伺服电动机等。

2.3　数控机床进给运动控制及传动结构

2.3.1　数控机床进给运动的要求与特点

进给传动系统承担了数控机床各直线坐标轴、回转坐标轴的定位和切削进给，进给系统的传动精度、灵敏度和稳定性直接影响加工精度和被加工零件的最后轮廓精度。

进给运动传动装置和元件的主要要求如下：

1）长寿命。

2）高刚度。

3）无传动间隙。

4）高灵敏度。

5）低摩擦阻力。

6）采用滚动导轨、静压导轨。

7）广泛应用滚珠丝杠螺母副。

8）各种机械部件首先保证它们的加工精度，其次采用合理的预紧来消除其轴向传动间隙。

9）在进给系统反向运动时仍然由数控装置发出脉冲指令进行自动补偿。

2.3.2 数控机床进给运动的传动系统

1. 进给运动传动系统一般结构　进给运动的传动系统是一个伺服控制系统，一般结构如图 2-18 所示，进给运动传动路线是：驱动电动机 4→同步齿形带 5→离合器 6→滚珠丝杠 3→螺母 9→滑动导轨 2 和工作台 1；另外，有检测装置 8 用以位移量的检测反馈。

进给伺服系统包括速度控制环和位置控制环，用于数控机床工作台或刀架坐标运动的控制系统。

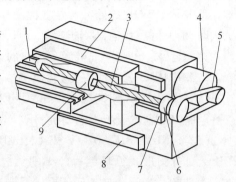

图 2-18　进给运动传动系统的一般结构
1—工作台　2—滑动导轨　3—滚珠丝杠
4—驱动电动机　5—同步齿形带　6—离合器
7—固定支承导轨　8—检测装置　9—螺母

2. 数控车削加工机床进给运动系统　图 2-19 所示为某数控车床传动系统示意图，实现主轴转动的主运动传动路线为：主轴电动机→传动带→传动齿轮组→主轴；实现刀架纵向与横向进给运动的传动路线为：X 轴、Z 轴伺服电动机→滚珠丝杠→螺母→床鞍和中滑板；还有刀架回转传动机构。

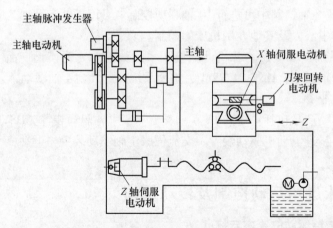

图 2-19　某数控车床传动系统示意图

3. 数控镗铣削加工机床进给运动系统　图 2-20 所示为某立式加工中心传动系统示意图，实现主轴转动的主运动传动路线为：主轴电动机→传动齿轮组→主轴；实现工作台纵向与横向进给运动的传动路线为：X 轴、Y 轴伺服电动机→滚珠丝杠→螺母→工作台；实现主轴箱升降的垂直进给运动传动路线为：Z 轴伺服电动机→滚珠丝杠→螺母→主轴箱；传动路线中还有实现换刀和刀库运动的换刀机械手和刀库运动机构（圆盘形刀具库和回转式单臂双爪机械手）。

2.3.3 数控机床进给运动传动控制方式

一台数控机床通常有多个进给运动轴（坐标轴），如车床一般有两个进给轴（X、Z），铣床一般有 3 个进给轴（X、Y、Z），加工中心则有更多的进给轴（包括直线轴或回转轴）。这些进给轴有的带动装有工件的工作台运动，有的则带动装有刀具的刀架（如车床）或主轴箱（如铣床等）运动。每个进给轴均是一个进给伺服系统，通过 CNC 装置协调（以指令的方式）数个进给伺服系统的配合，使刀具相对于加工工件产生复杂的曲线运动，加工出所要求的工件。

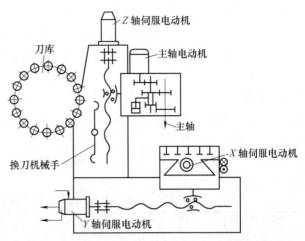

图 2-20　某立式加工中心传动系统示意图

在第 2.1 节中我们已经讲述了开环、闭环和半闭环伺服系统。开环是不带位置测量反馈装置的系统，在早期的数控机床中曾广泛采用，20 世纪 70 年代后主导地位逐步被性能好、精度高的闭环或半闭环进给伺服系统所取代，但由于开环系统价格相对较低，也能满足一般的精度要求，所以现在经济型数控机床或普通机床的数控化改造时仍大量使用步进电动机的开环系统，而在计算机的一些外设中也广泛采用开环进给伺服系统。

闭环和半闭环进给伺服系统所使用的驱动电动机通常是交流伺服电动机。

2.3.4　数控机床进给运动位移检测与反馈

进给运动系统的位移检测装置按照反馈形式不同分为直接测量装置和间接测量装置。

1. 直接测量装置　图 2-21b 所示是一个用于闭环控制系统的直接测量装置。其测量原理是：使用一个透镜量尺固定于固定导轨上，它被分成非常小距离（0.001mm）的栅格，当一个含有光源的传感器沿着此量尺移动时，光脉冲信号被送到光敏元件上转化为电脉冲信号传回数控装置，这些脉冲被计数并转换作为移动距离的值，如图 2-21a 所示。

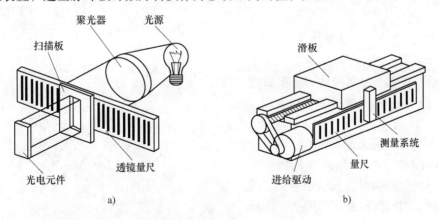

图 2-21　直接位置测量示意图

直接位置测量将检测装置直接安装在机床滑动导轨和固定导轨上，直接测量机床坐标的直线位移量，用来作为全闭环伺服系统的位置反馈。直接测量的缺点是测量装置要和工作台行程等长，所以在大型数控机床上使用受到一定限制。

2. 间接测量装置 图 2-22 所示是间接位置测量的示意图。间接位置测量是将检测装置（透镜盘、光源、光电元件）直接安装在驱动电动机轴或滚珠丝杠上，通过检测转动件的角位移来间接测量机床坐标的直线位移，并用来作为半闭环伺服系统的位置反馈。

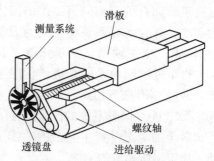

图 2-22 间接位置测量示意图

间接测量的优点是测量方便可靠，无长度限制；缺点是测量信号中增加了由回转运动转变为直线运动的传动链误差，从而影响其测量精度。

3. 数控机床中常用的测量装置 数控机床中常用的测量装置见表 2-2。

表 2-2 数控机床中常用的测量装置

类 型	数 字 式	模 拟 式
回转型	光电盘、圆光栅、编码盘	旋转变压器、圆形磁尺、圆感应同步器
直线型	光栅、激光干涉仪、编码尺	感应同步器、磁尺

2.3.5 数控机床进给运动传动结构

1. 滚珠丝杠螺母副 数控机床进给传动要求传动精度高，传统的丝杠螺母副传动机构已不能满足工作要求，现在一般采用滚珠丝杠螺母副。

（1）滚珠丝杠螺母副的特点

1）摩擦损失小，传动效率高。

2）传动灵敏，运动平稳，低速时无爬行。

3）使用寿命长。

4）轴向刚度高。

5）具有传动的可逆性。

6）不能实现自锁。

7）制造工艺复杂，成本高。

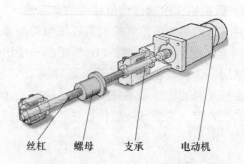

图 2-23 滚珠丝杠与进给系统示意图

除了大型数控机床因移动距离大而采用齿条或蜗杆传动外，各类中、小型数控机床的直线运动进给系统普遍采用滚珠丝杠传动。

（2）滚珠丝杠螺母副的结构原理 如图 2-23 和图 2-24 所示，滚珠丝杠螺母副的原理为：在丝杠和螺母上加工有弧形螺旋槽，当把它们套装在一起时形成螺旋通道，并且滚道内填满滚珠。当丝杠相对于螺母旋转时，丝杠的旋转面经滚珠推动螺母轴向移动，同时滚珠沿螺旋滚道滚动，使丝杠和螺母的滑动摩擦转变为滚珠与丝杠、螺母之间的滚动摩擦。

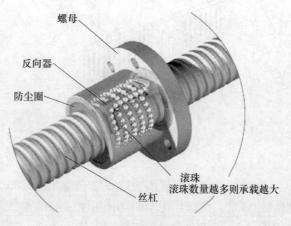

图 2-24 滚珠丝杠螺母副原理示意图

（3）滚珠丝杠螺母副的支承　滚珠丝杠主要承受轴向载荷，它的径向载荷主要是滚珠丝杠的自重。

图 2-25a 所示是一端固定、一端自由的支承形式。其特点是结构简单，轴向刚度低，适用于短丝杠及垂直布置丝杠。一般用于数控机床的调整环节和升降台式数控铣床的垂直坐标轴。

图 2-25b 所示是一端固定、一端浮动的支承形式，丝杠轴向刚度与图 2-25a 所示形式相同，丝杠受热后有膨胀伸长的余地，需保证螺母与两支承同轴。这种形式的配置结构较复杂，工艺较困难，适用于较长丝杠或卧式丝杠。

图 2-25c 所示是两端固定的支承形式，丝杠的轴向刚度约为一端固定形式的 4 倍，可预拉伸，这样既可对滚珠丝杠施加预紧力，又可使丝杠受热变形得到补偿，保持恒定预紧力，但结构、工艺都较复杂，适用于长丝杠。

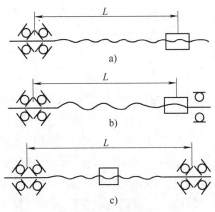

图 2-25　滚珠丝杠螺母副的支承形式
a）一端固定、一端自由　b）一端固定、
一端浮动　c）两端固定
L—支承距离

2. 导轨　与支承件连成一体固定不动的导轨称为支承导轨，与运动部件连成一体的导轨称为动导轨，一般普通机床采用金属与金属相摩擦的普通滑动导轨，在数控机床上多使用塑料与金属相摩擦的贴塑导轨、滚动导轨和液体静压导轨。

（1）贴塑导轨

贴塑导轨的特点：

1）刚度好。

2）动、静摩擦因数差值小。

3）耐磨性好，使用寿命为普通铸铁导轨的 8～10 倍。

4）无爬行。

5）减振性好。

贴塑导轨的应用如图 2-26 所示。

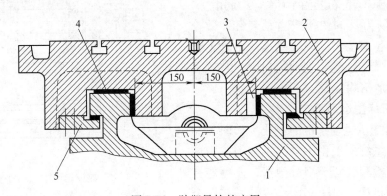

图 2-26　贴塑导轨的应用
1—支承导轨　2—工作台及动导轨　3—间隙调整楔块　4—贴塑块　5—压板

（2）滚动导轨　滚动导轨是在导轨工作面之间安排滚动件，使两导轨面之间形成滚动摩擦。滚动导轨低速运动平稳性好，移动精度和定位精度高；但抗振性比滑动导轨差，结构复杂，对脏物也较为敏感，需要良好的防护。直线滚动导轨结构示意图如图 2-27 所示。

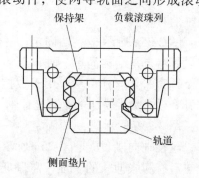

图 2-27　直线滚动导轨结构示意图

（3）液体静压导轨　液体静压导轨（简称静压导轨）是机床上经常使用的一种液压导轨。静压导轨通常在两个相对运动的导轨面间通入压力油，使运动件浮起。在工作过程中，导轨面上油腔中的油压能随外加负载的变化而自动调节，保证导轨面间始终处于纯液体摩擦状态。静压导轨摩擦因数极小，功率消耗少。这种导轨不会磨损，因而导轨的精度保持性好、寿命长，但制造成本较高。

目前静压导轨一般应用在大型、重型数控机床上。

2.4　数控机床主运动控制及传动结构

2.4.1　数控机床主运动系统的要求与特点

主运动的转速高低及范围、传递功率大小和动力特性，决定了数控机床的切削加工效率和加工工艺能力。主轴部件的刚度、精度、抗振性和热变形直接影响加工零件的精度和表面质量。

1）主轴转速高、调速范围宽并实现无级调速。能使数控机床进行大功率切削和高速切削，实现高效率加工，比同类型普通机床主轴最高转速高出两倍左右。

2）主轴部件具有较高的刚度和较高的精度。一次装夹要完成全部或绝大部分切削加工，包括粗加工和精加工；为提高加工效率的强力切削，在加工过程中机床是在程序控制下自动运行的，更需要主轴部件刚度和精度有较大裕量，从而保证数控机床使用过程中的可靠性。

3）良好的抗振性和热稳定性。主轴部件要有较高的固有频率、较好的动平衡，要保持合适的配合间隙，并要进行循环冷却、润滑。

4）为实现刀具的快速或自动装卸，数控机床主轴具有特有的刀具安装结构。主轴上设计有刀具自动装卸装置、主轴定向停止装置和主轴孔内的切屑清除装置。

2.4.2　数控机床主运动系统

1. 数控机床主运动系统的组成　如图 2-28 所示，主运动系统一般由主轴、主轴箱、驱动电动机、转速检测装置等部分组成，还可能有一个齿轮传动机构。对于车床，主轴可有一个螺纹控制。主轴通常是带传动，以减小振动。

（1）主轴　车床主轴装有装卡装置和工

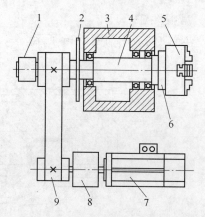

图 2-28　数控车床主轴驱动示意图

1—转速检测装置　2—螺纹控制　3—主轴箱　4—主轴
5—卡盘　6—主轴头　7—驱动电动机
8—齿轮机构　9—传动带

件，铣床和钻床主轴装有刀具。主轴的刚性应尽可能好，这样承受沉重的负载时不会发生变形。对于主轴的外形和功能，具有一系列的标准。

（2）主轴箱 主轴箱通常由铸铁制成，承受主轴的负载。它必须非常坚固以承受应力。必须消除摩擦热，如果冷却不足而使主轴箱内的温度过高，主轴箱将扩张，这将影响加工精度。这种现象叫做热膨胀。

（3）驱动电动机 机床的主传动机构通常采用交流调速电动机。采用调速电动机的主传动变速系统，主轴伺服系统只是一个速度控制系统，控制机床主轴的旋转运动。

（4）转速检测装置 用于测量主轴转速，显示 CNC 系统当前主轴的转速（r/min）值。

（5）螺纹控制 车床的螺纹切削，要求主轴和丝杠必须同步，由螺纹控制提供 CNC 系统所需的数据。

2. 数控车削加工机床主运动系统 如图 2-19 所示，该机床实现主轴转动的主运动传动路线为：主轴电动机→传动带→传动齿轮组→主轴。

3. 数控镗铣削加工机床主运动系统 如图 2-20 所示，该机床实现主轴转动的主运动传动路线为：主轴电动机→传动齿轮组→主轴。

2.4.3 数控机床主运动一般传动方式

1. 齿轮传动方式 大、中型数控机床多采用此传动方式。如图 2-29a 所示，它通过几对齿轮变速（2～4 级），此时主轴可实现分段无级变速。输出转矩可以扩大，确保低速时的转矩，以满足主轴输出转矩特性的要求。有一部分小型数控机床也采用这种传动方式，以获得强力切削时所需要的转矩。

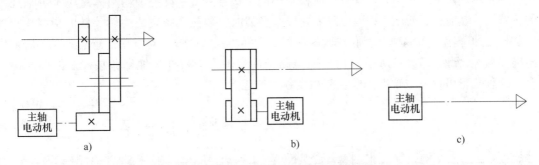

图 2-29　数控机床主运动一般传动方式
a）齿轮传动　b）带传动　c）电动机直接传动

2. 带传动方式 带传动主要应用在小型数控机床上。它没有齿轮传动时而引起振动和噪声。但它只能适用于小转矩特性要求，如图 2-29b 所示。

3. 电动机直接传动方式 即电动机的转子直接装在主轴上。电动机直接带动主轴运动，简化了主轴箱体与主轴的结构，有效地提高了主轴部件的刚度和传动精度。但主轴输出转矩小，电动机发热对主轴的精度影响较大。电动机多采用交流伺服电动机，如图 2-29c 和图 2-30 所示。

2.4.4 数控机床主运动转速检测与主轴准停控制

1. 数控机床主运动转速检测与反馈 主轴运动是回转运动，数控机床常用的测量装置分为回转型和直线型，回转型常用的测量装置有感应同步器、圆光栅圆磁栅和脉冲发生器等。

　　脉冲发生器是结构简单、应用广泛的回转型检测装置。如图 2-31 所示，在一个码盘的边缘上开有相等角度的缝隙（或小孔），在码盘两边分别安装光源及光敏元件，当码盘随工作轴一起转动时，每转过一个缝隙就产生一次光线的明暗变化，经整形放大，便可得到一定幅值和功率的电脉冲输出信号，其脉冲数就等于转过的缝隙（或小孔）数。如果将上述脉冲信号送到计数器中计数，从测得的脉冲数就能知道码盘转过的角度，从而测出转速。

　　主轴的转速在铣床中用于机床转速显示和转角控制准停，在数控车床中还要用于螺纹车削。

　　2. 数控机床主轴准停控制　自动换刀数控机床主轴部件设有准停装置，其作用是使主轴每次都能准确地停止在固定的周向位置上，以保证换刀时主轴上的端面键能对准刀夹上的键槽，同时使每次装刀时刀夹与主轴的相对位置不变，提高刀具的重复安装精度，从而提高孔加工时孔径的一致性。主轴准停装置的工作原理如图 2-32 所示。在带动主轴旋转的多楔带轮 1 的端面上

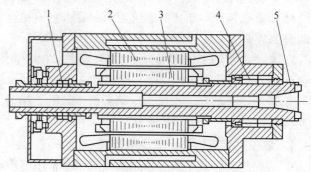

图 2-30　电动机直接驱动主轴方式
1—后轴承　2—定子　3—转子
4—前轴承　5—主轴

装有一个厚垫片 4，垫片上装有一个体积很小的永久磁铁 3。在主轴箱箱体对应于主轴准停的位置上，装有磁传感器 2。当机床需要停车换刀时，数控系统发出主轴停转的指令，主轴电动机立即降速，当主轴以最低转速慢转很少几转、永久磁铁 3 对准磁传感器 2 时，后者发出准停信号。此信号经放大后，由定向电路控制主轴电动机准确地停止在规定的周向位置上。这种装置可保证主轴准停的重复精度在 ±1° 范围内。

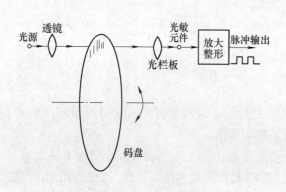

图 2-31　脉冲发生器结构简图

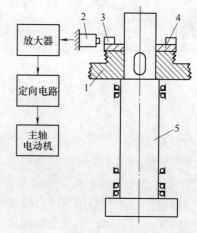

图 2-32　主轴准停装置的工作原理
1—多楔带轮　2—磁传感器　3—永久磁铁
4—垫片　5—主轴

2.4.5 数控机床主轴结构及刀具装夹功能

在某些带有刀具库的数控机床中，主轴部件除具有较高的精度和刚度外，还带有刀具自动装卸装置和主轴孔内的切屑清除装置。数控铣床、数控加工中心主轴上的刀具夹紧是靠液压或气动装置实现的；主轴内孔及刀柄的清洁靠气动装置中压缩空气吹净。

如图 2-33 所示，主轴前端有 7∶24 的锥孔，用于装夹锥柄刀具。端面键 13 既做刀具定位用，又可通过它传递转矩。为了实现刀具的自动装卸，主轴内设有刀具自动夹紧装置。从图中可以看出，该机床是由拉紧机构拉紧锥柄刀夹尾端的轴颈来实现刀夹的定位及夹紧的。夹紧刀夹时，液压缸上腔接通回油，弹簧 11 推动活塞 6 上移，处于图示位置，拉杆 4 在碟形弹簧 5 的作用下向上移动。由于此时装在拉杆前端径向孔中的四个钢球 12 进入主轴孔中直径较小的 d_2 处（图 2-33b），被迫径向收拢而卡进拉钉 2 的环形凹槽内，因而刀杆被拉杆拉紧，依靠摩擦力紧固在主轴上。换刀前需将刀夹松开时，压力油进入液压缸上腔，活塞 6

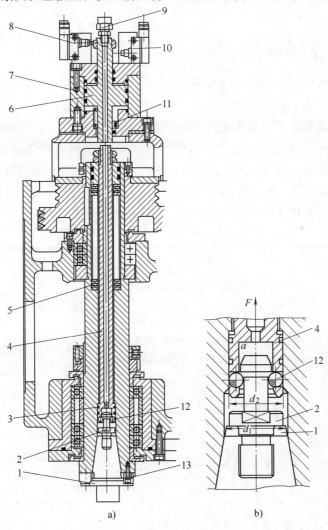

图 2-33　数控镗铣床主轴部件

1—刀架　2—拉钉　3—主轴　4—拉杆　5—碟形弹簧　6—活塞　7—液压缸
8、10—行程开关　9—管接头　11—弹簧　12—钢球　13—端面键

推动拉杆 4 向下移动，碟形弹簧被压缩；当钢球 12 随拉杆一起下移至进入主轴孔中直径较大的 d_1 处时，它就不再能约束拉钉的头部，紧接着拉杆前端内孔的台肩端面碰到拉钉，把刀夹顶松。此时行程开关 10 发出信号，换刀机械手随即将刀夹取下。与此同时，压缩空气由管接头 9 经活塞和拉杆的中心通孔吹入主轴装刀孔内，把切屑或脏物清除干净，以保证刀具的装夹精度。机械手把新刀装上主轴后，液压缸 7 接通回油，碟形弹簧又拉紧刀夹。刀夹拉紧后，行程开关 8 发出信号。

自动清除主轴孔中的切屑和脏物是换刀操作中的一个不容忽视的问题。如果在主轴锥孔中掉进了切屑或其他污物，在拉紧刀杆时，主轴锥孔表面和刀杆的锥柄就会被划伤，使刀杆发生偏斜，破坏刀具的正确定位，影响加工零件的精度，甚至使零件报废。为了保证主轴锥孔的清洁，常用压缩空气吹屑。图 2-33a 中活塞 6 的心部钻有压缩空气通道，当活塞向左移动时，压缩空气经拉杆 4 吹出，将锥孔清理干净。喷气小孔设计有合理的喷射角度，并均匀分布，以提高吹屑效果。

2.5 数控机床自动换刀机构

在图 2-20 所示的立式加工中心传动系统图中，该机床使用的是圆盘形刀库和回转式单臂双爪机械手。

数控机床为了能在工件一次装夹中完成多种甚至所有加工工序，以缩减辅助时间和减少多次安装工件所引起的误差，必须带有自动换刀装置。自动换刀装置应当具备换刀时间短、刀具重复定位精度高、有足够的刀具存储量、占地面积小、安全可靠等特性。

各类数控机床自动换刀装置的结构取决于机床的类型、工艺范围、所使用的刀具种类和数量。数控机床常用的自动换刀装置的类型、特点、适用范围见表 2-3。

表 2-3　自动换刀装置的类型、特点和适用范围

	类别形式	特 点	适 用 范 围
转塔式	回转刀架	多为顺序换刀,换刀时间短,结构简单紧凑,容纳刀具较少	各种数控车床,数控车削加工中心
	转塔头	顺序换刀,换刀时间短,刀具主轴都集中在转塔头上,结构紧凑。但刚性较差,刀具主轴数受限制	数控钻、镗、铣床
刀库式	刀具与主轴之间直接换刀	换刀运动集中,运动部件少。但刀库容量受限制	各种类型的自动换刀数控机床,尤其是对使用回转类刀具的数控镗、铣床类立式、卧式加工中心机床。要根据工艺范围和机床特点,确定刀库容量和自动换刀装置类型
	用机械手配合刀库进行换刀	刀库只有选刀运动,机械手进行换刀运动,刀库容量大	

1. 回转刀架换刀　回转刀架换刀是一种最简单的自动换刀装置，常用于数控车床。根据不同的加工对象，它可以设计成四方刀架、六角刀架等多种形式。回转刀架可在回转轴径向和轴向安装或夹持各种不同用途的刀具，通过回转刀架的转位实现换刀，如图 2-34 所示。

回转刀架的工位数最多可达20多个，但最常用的是8、10、12和16工位四种。工位数越多，刀间夹角越小，非加工位置刀具与工件相碰而产生干涉的可能性越大，在刀架布刀时要给予考虑，避免发生干涉现象。

回转刀架在结构上必须具有良好的强度和刚度，以承受粗加工时的切削抗力并减小刀架在切削力作用下的位移变形，提高加工精度。回转刀架还要选择可靠的定位方案和定位结构，以保证回转刀架在每次转位之后具有高的重复定位精度。

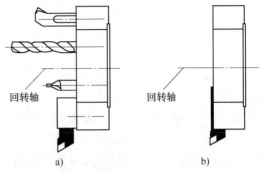

图2-34 回转刀架示意图
a）在回转轴轴向安装或夹持各种刀具
b）在回转轴径向安装或夹持各种刀具

2. 转塔头式换刀 使用旋转刀具的数控机床采用转塔头转位更换主轴头。这种机床的主轴头就是转塔头，在转塔的各主轴头上，根据加工的工序预先安装所用的刀具，转塔依次转位，就可以实现自动换刀。主轴头有卧式和立式两种，工作时只有位于加工位置的主轴头才与主运动接通，而其他处于不加工位置的主轴都与主运动脱开。图2-35所示为转塔式镗铣床换刀示意图。

转塔主轴头换刀方式的主要优点是省去了自动松夹、卸刀装刀、卸刀夹紧以及刀具搬运等一系列复杂的操作，从而显著减少了换刀时间，提高了换刀的可靠性。但是由于结构上的原因和空间位置的限制，主轴的数目不可能很多。因此转塔主轴头换刀通常只适用于工序较少、精度要求不太高的零件在数控机床上加工。

3. 刀库式自动换刀装置 刀库式自动换刀装置由刀库和刀具交换机构组成，它是多工序数控机床上应用最广泛的换刀方法。其工作过程是：首先把加工过程中需要使用的全部刀具分别安装在标准的统一的刀柄上，在机外预调整好尺寸，按一定方式放入刀库。换刀时先在刀库中选刀，然后由刀具交换装置从刀库和主轴（或刀架）上取出刀具，并进行交换，最后把用过的旧刀放回刀库，将新刀装入主轴（或刀架）。当刀库离主轴（或刀架）较远时，还要有搬运装置运送刀具。存放刀具的刀库具有较大的容量，它既可安装在主轴箱的侧面或上方，也可作为单独部件安装到机床以外。

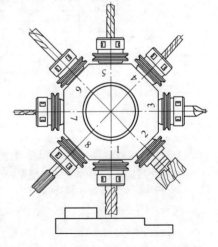

图2-35 转塔式镗铣床换刀示意图

（1）利用刀库与机床主轴的相对运动实现刀具交换的装置 如图2-36所示，此装置在换刀时必须首先将用过的刀具送回刀库，然后再从刀库中取出新刀具，这两个动作不可能同时进行，因此换刀时间较长。此刀具交换装置要求把刀库安置在主轴箱可以运动到的位置，或者是整个刀库或某一刀位移动到主轴箱可达到的位置。刀库中的刀具指向与主轴上装刀后的刀具指向必须一致。

此装置的优点是结构简单，换刀可靠；缺点是刀库容量不大，换刀时间长，适合于中小型加工中心采用。

换刀时，主轴直接到达换刀位置，圆盘式刀库转至所需刀槽的位置，将刀具从"等待"位置移出至换刀位置，并与装在主轴内的刀夹配合；拉杆从刀夹中退出，刀具库下移，卸下刀具；然后刀具库转到所需刀具对准主轴的位置，向上运动，将刀具插入主轴并紧固；最后，刀具库离开主轴向一侧移动，回到"等待"位置，换刀完成。

（2）采用机械手的刀具交换装置　此装置是由刀库、机械手（有的还有运刀装置）结合共同完成自动刀具交换。因为机械手换刀有很大的灵活性，而且可以减少换刀时间，所以应用得最为广泛。当有机械手的刀具交换装置涉及的刀库位置和机械手的换刀动作不同时，其换刀的过程也不尽相同。

图 2-37 所示为双爪机械手换刀。使用双爪机械手时，两个机械手分别在主轴处和刀库中取刀具，交换两机械手的位置，一刀具放在主轴的同时，另一刀具已放回了刀库。

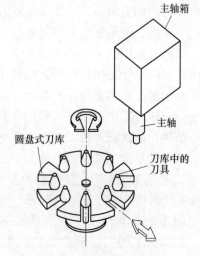

图 2-36　利用刀库与机床主轴的相对运动实现刀具交换的装置

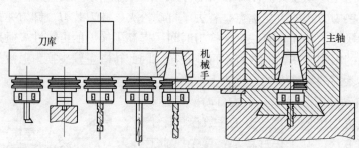

图 2-37　双爪机械手换刀

复习与思考题

1. 举例说明自动控制系统的基本原理和基本性能要求。
2. 自动控制系统有哪些基本类型，数控机床分别属于哪些类型？
3. 试用框图说明 CNC 系统的组成原理，并解释各部分的作用。
4. 试述 CNC 装置软件的组成。
5. 数控机床主运动的传动方式有哪些类型？各适用于什么场合？
6. 试比较开环控制系统、闭环控制系统和半闭环控制系统的优缺点，并说明它们的本质区别。
7. 试述数控机床进给传动机构的组成及特点。

第3章 数控加工工艺与编程基础

3.1 数控机床坐标系统

数控机床控制刀具与工件（被加工零件）之间相对运动的轨迹，加工出工件所需的轮廓形状，而这一运动轨迹必须在一个坐标系中用坐标点进行描述，这个坐标系就是机床坐标系。同时，为了描述零件的形状尺寸，用以编制程序，需要另外建立工件坐标系（又称为编程坐标系）。

1. 机床坐标系　国际标准和我国部颁标准中，对数控加工的坐标系进行了如下规定：

（1）直角坐标系的规定　标准的直角坐标系采用右手笛卡儿定则判定各坐标轴的相互关系和方向，如图3-1所示。图中规定了 X、Y、Z 三个直角坐标轴的方向，根据右手螺旋法则，可以确定对应于 X、Y、Z 坐标轴的三个旋转坐标 A、B、C 的方向。

（2）机床坐标轴及其运动方向

1）机床的运动原则。通常机床的运动是指刀具和工件之间的相对运动，一律假定工件是静止的，刀具在坐标系内相对于工件运动。这一原则使编程人员能够在不知道刀具运动还是工件运动的情况下确定加工工艺。

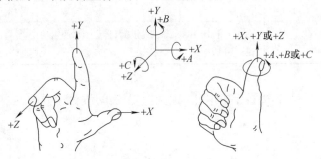

图3-1　右手直角笛卡儿坐标系

2）机床坐标轴的位置与方向的确定。确定机床坐标系时一般先规定 Z 轴，通常规定与机床主轴轴线平行的坐标轴为 Z 轴。车床、外圆磨床的主轴是带动工件旋转的轴；铣床、镗床、钻床的主轴是带动刀具旋转的轴；如果机床上有几个主轴，则选垂直于工件装夹平面的主轴作为主要的主轴；如果机床无主轴（如数控龙门刨床），则 Z 坐标轴垂直于工件装夹平面。

坐标轴的正方向是增加刀具与工件之间距离的方向。

Z 轴确定后，再确定 X 轴。规定水平方向且平行于工件装夹面的坐标轴为 X 轴。在工件旋转的车床、外圆磨床等机床上，其坐标轴方向的规定见表3-1和图3-2所示；在刀具旋转的铣床、镗床、钻床上，其主轴有水平（卧式）和垂直（立式）两种形式，其坐标轴方向的规定见表3-1和图3-3、图3-4所示。

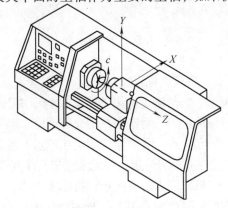

图3-2　卧式车床坐标系

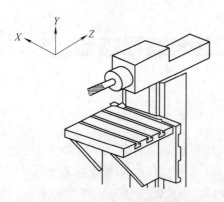

图 3-3　卧式铣床坐标系

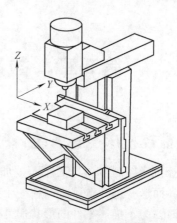

图 3-4　立式铣床坐标系

表 3-1　数控车床和铣床的坐标轴方向定义

坐标轴名	数控车床坐标轴方向定义	立(卧)式数控铣床坐标轴正方向定义
X	垂直于 Z 轴，在工件的径向上且平行于横向滑座，以刀具离开工件回转中心的方向为其正方向	垂直于 Z 轴并平行于工件装夹面；从主轴向立柱(工件)方向看，右侧为正方向
Y	—	根据 X 轴和 Z 轴，按右手笛卡儿定则确定
Z	平行于机床主轴的轴，规定刀具远离工件的运动方向为正方向	平行于机床主轴，规定刀具远离工件的运动方向为正方向

最后按右手笛卡儿定则判定 Y 轴的位置和方向（见图 3-5、图 3-6）。

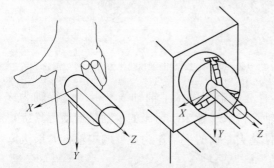

图 3-5　车床右手笛卡儿坐标系

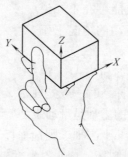

图 3-6　铣床右手笛卡儿坐标系

3）机床坐标系坐标原点。机床坐标系的坐标原点简称机床原点、机械原点或零点，用 M 表示。它是确定机床坐标系在机床中具体位置的一个固定点，其位置是由机床设计和制造单位确定的，通常用户不允许改变。其作用是使机床与控制系统同步，建立测量机床运动坐标的起始点。数控车床的机床原点一般设在卡盘前端或后端定位面的中心，数控铣床的机床原点各厂家不一致，一般设在进给行程的终点。

与机床原点对应的还有机床参考点，用 R 表示。它是由机床制造厂家在每个进给坐标轴方向极限位置上用限位开关精确测量调整好的一个物理位置，其坐标值已输入数控系统中。它是机床坐标系中的一个固定可见的位置点，用以间接确定机床原点。通常数控车床上机床参考点是离机床原点最远的一个极限点，在数控铣床上机床原点有时与机床参考点是重合的。

数控机床开机时，必须先确定机床原点以建立机床坐标系，而确定机床原点的运动就是刀架返回参考点的动作，通过确认参考点，间接确定机床原点。这一操作称为"回参考点"或"回零"。

2. 工件坐标系　被加工零件简称工件。为了编程方便，通常在工件图样上设置一个坐标系，这就是工件坐标系（又称为编程坐标系），坐标系的原点就是工件原点（又称为编程原点、程序原点），用 W 表示，与机床坐标系不同，工件坐标系是由编程人员根据编程需要自行选择的，选择工件原点的一般原则是：

1）工件原点一般选在工件图样上，以利于编程。

2）工件原点尽量选在尺寸精度高、表面粗糙度值小的工件表面上。

3）工件原点最好选在工件的对称中心上。

4）要便于测量和检验。

数控车床上加工工件时，工件原点一般设在主轴中心线与工件右端面或左端面的交点处；数控铣床上加工工件时，工件原点一般设在进刀方向一侧工件外轮廓表面的某个角点上或对称中心上。

数控车床、铣床的机床原点 M 及参考点 R 和工件原点 W 如图3-7所示。

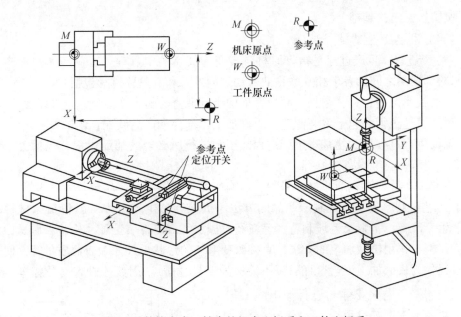

图3-7　数控车床、铣床的机床坐标系和工件坐标系

3. 绝对坐标与增量（相对）坐标编程　所谓绝对坐标是表示刀具（或机床）运动位置的坐标值，都是相对于固定的工件坐标系原点给出的，如图3-8a 所示；而增量坐标所表示的刀具（或机床）运动位置的坐标值是相对于前一位置的，相对坐标与运动方向有关，如图3-8b 所示。编程时要根据零件的加工精度要求及编程方便与否选择坐标类型，在数控程序中绝对坐标与增量坐标可单独使用，也可在不同程序段中交叉使用。

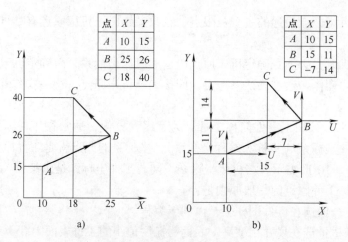

图 3-8　绝对坐标与增量坐标

a）绝对坐标　b）增量坐标

3.2　数控加工工艺设计基础

数控加工程序编制前要对所加工的零件进行工艺分析，拟定加工方案，选择合适的刀具，确定切削用量。在编程中，对一些工艺问题（如对刀点、加工路线等）也需做一些处理。因此程序编制中的工艺分析是一项十分重要的工作。

3.2.1　机械加工工艺基础

1. 生产过程与工艺过程

（1）生产过程　生产过程是指将原材料转变为成品的全过程。工业产品的生产过程是指由原材料到成品之间的各个相互联系的劳动过程的总和。这些过程包括：

1）生产技术准备过程。包括产品投产前的市场调查分析，产品研制，技术鉴定等。

2）生产工艺过程。包括毛坯制造，零件加工，部件和产品装配、调试等。

3）辅助生产过程。为使基本生产过程能正常进行所必经的辅助过程，包括工艺装备的设计制造、能源供应、设备维修等。

4）生产服务过程。包括原材料采购、运输、保管、供应及产品包装、销售等。

（2）工艺过程　工艺就是制造产品的方法。机械产品生产过程一般包括原材料的运输和保存、生产准备、备料及毛坯制造、毛坯经机械加工成零件、装配、检验和调试、涂装和包装等。其中，采用机械加工的方法，直接改变毛坯的形状、尺寸和表面质量等，使其成为零件的过程称为机械加工工艺过程（以下简称为工艺过程）。用数控机床（数控车、铣、加工中心、线切割、电火花等）进行加工的工艺过程称为数控加工工艺过程。

2. 机械加工工艺系统　机械加工中，由机床、夹具、刀具、量具和工件等组成的系统，称为工艺系统。数控加工工艺系统是由数控机床、夹具、刀具和工件等组成的，如图 3-9 所示。

（1）数控机床　采用数控机床进行机械加

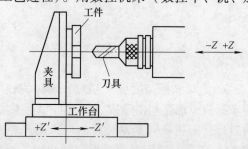

图 3-9　机械加工工艺系统

工，数控机床是实现数控加工的主体。

（2）夹具 在机械制造中，用以装夹工件（和引导刀具）的装置统称为夹具。在机械制造工厂，夹具的使用十分广泛，从毛坯制造到产品装配以及检测的各个生产环节，都有许多不同种类的夹具。

（3）刀具 金属切削刀具是普通机床和数控机床都必须依靠的用以切除工件多余材料的工具。

（4）量具 测量尺寸、形状、位置和其他参数的测量工具。

（5）工件 工件是数控加工的对象。

3. 机械加工工艺过程的组成 机械加工工艺过程是由一系列的工序组合而成的，毛坯依次地通过这些工序而变成为成品。工序是工艺过程的基本组成部分，也是生产计划和成本核算的基本单元。工艺过程一般可分为工序、安装与工位、工步与进给等组成部分。

（1）工序 工序是工艺过程的基本单元。它是一个（或一组）工人在一个工作地点，对一个（或同时对几个）工件连续完成的那一部分加工过程。划分工序的要点是工人、工作地点及工件三不变且连续完成，只要工人、工作地点、工件这三者中改变了任意两个或不是连续地完成，则将成为另一工序。

（2）安装与工位 安装就是指工件定位并夹紧的整个过程，又称之为装夹。工件在机床上占据的每一个加工位置称为工位。

（3）工步与进给 工步是在一个安装或工位中，加工表面、切削刀具及切削用量都不变的情况下所进行的那部分加工。若加工表面、切削刀具及切削用量三者中的一个发生变化就是另一个工步。有些工件，由于余量大，需要用同一刀具，在同一转速及进给量下对同一表面进行多次（分层）切削，则每一次切削就称为进给。一个工步下可能有几次进给。进给是构成工艺过程的最小单元。

4. 机械加工工艺规程 规定零件的制造工艺过程和操作方法等的工艺文件，称为工艺规程。它是在具体的生产条件下，以最合理或较合理的工艺过程和操作方法，并按规定的图表或文字形式书写成工艺文件，经审批后用来指导生产。工艺规程一般应包括下列内容：零件加工的工艺路线；各工序的具体加工内容；各工序所用的机床及工艺装备；切削用量及工时定额等。

（1）工艺规程的作用

1）工艺规程是指导生产的主要技术文件。合理的工艺规程是在工艺理论和实践经验的基础上制订的。按照工艺规程进行生产可以保证产品的质量，并且有较高的生产率和良好的经济效益。一切生产人员都应严格执行既定的工艺规程。

2）工艺规程是生产组织和管理工作的基本依据。在生产管理中，原材料及毛坯的供应、通用工艺装备的准备、机床负荷的调整、专用工艺装备的设计和制造、生产计划的制订、劳动力的组织，以及生产成本的核算等，都是以工艺规程为基本依据的。

3）工艺规程是新建或扩建工厂或车间的基本资料。在新建或扩建工厂或车间时，只有根据工艺规程和生产纲领才能正确地确定生产所需的机床和其他设备的种类、规格和数量，车间的面积，机床的布置，生产工人的工种、等级及数量，以及辅助部门的安排等。

（2）工艺规程制订时所需的原始资料

1）产品零件设计图样、技术资料，以及产品的装配图样和零件工作图。

2）产品的生产类型（单件生产、成批生产和大量生产）。

3）产品验收的质量标准。

4）现有的生产条件和资料。它包括毛坯的生产条件或协作关系、工艺装备及专用设备的制造能力、加工和工艺设备的规格及性能、工人的技术水平以及各种工艺资料和标准等。

5）国内外同类产品的有关工艺资料等。

（3）制订工艺规程的步骤 制订工艺规程的步骤大致如下：

1）加工工艺分析。分析研究产品图样，了解整个产品的原理和所加工零件在整个机器中的作用。分析零件图的尺寸公差和技术要求。分析产品的结构工艺性，包括零件的加工工艺性和装配工艺性。检查整个图样的完整性。如果发现问题，要和设计部门联系解决。

2）选择毛坯。根据生产纲领和零件结构选择毛坯，毛坯的类型一般在零件图上已有规定。对于铸件和锻件，应了解其分型面、浇注系统、冒口位置和起模斜度，以便在选择定位基准和计算加工余量时有所考虑。如果毛坯是用棒料或型材，则要按其标准确定尺寸规格，并确定每批加工件数。

3）设计加工工艺路线。拟定工艺路线主要有两个方面的工作：其一是确定加工顺序和工序内容，安排工序的集中和分散程度，划分工艺阶段，这项工作与生产纲领有密切关系；其二是选择工艺基准。拟定工艺路线时，常常需要提出几个方案，进行分析比较后再确定。

4）加工工序设计。加工工序设计的设计一般包括以下内容：

①划分工步，进一步确定各工序中所需要的加工设备和工艺装备。要确定各工序所用的加工设备（如机床）、夹具、刀具、量具及辅助工具。夹具要根据定位方式来确定是选用还是设计制造。工装设备尽量采用已有的或通用的，如果没有且不能外购，则要制订设计任务书，提出试制计划，进行研制。

②计算加工余量、工序尺寸及公差。要计算各工序的加工余量和总的加工余量，如果毛坯是棒料或型材，则应按棒料或型材标准进行圆整后修改确定。计算各个工序的尺寸及公差，是要控制各工序的加工质量以保证最终加工质量。

③计算切削用量，估算工时定额。也可查阅切削用量手册等资料，并进行计算，否则可按各工厂的实际经验来确定。目前，对单件小批生产多不规定切削用量，而是由操作工人根据经验自行选定；数控加工中每步切削都必须制订出切削用量；对于自动线和流水线，为了保证生产节拍，必须规定切削用量。

传统的普通机床加工时，通常使用切削用量手册、工时定额手册等资料，用查表或由统计资料估算工时定额（不很准确）。用 CAD/CAM 生成程序在数控机床上加工时，CAM 系统根据操作人员设定的切削用量能自动地计算出确切的加工时间。

④确定技术要求及检验方法。必要时，要设计和试制专用检验工具。

⑤确定进给路线。

⑥选择对刀点、换刀点的位置。

⑦编制加工程序。

3.2.2 数控加工工艺的特点和主要内容

1. 数控加工工艺的特点 数控机床的加工工艺与普通机床的加工工艺有许多相同之处，但在数控机床上加工零件比普通机床加工零件的工艺规程要复杂。在数控加工前，要将机床的运动过程、零件的工艺过程、刀具的形状、切削用量和进给路线等都编入程序，并以数字信息的形式记录在控制介质上，用它来控制机床加工。由此可见，数控机床加工工艺与普通机床加工工艺在原则上基本相同，但数控加工的整个过程是自动进行的，因而又有其特点。

1）数控加工的工序内容比普通机床加工的工序内容复杂。由于数控机床比普通机床价格贵，若只加工简单工序的零件在经济上不合算，所以在数控机床上通常安排较复杂的工序，甚至是在普通机床上难以完成的工序。

2）数控加工工艺的内容十分具体。如前所述，在用普通机床加工时，许多具体的工艺问题，如工步的划分、对刀点、换刀点、进给路线等在很大程度上都是由操作工人根据自己的经验和习惯自行考虑、决定的，一般无须工艺人员在设计工艺规程时进行过多的规定。而在数控加工时，上述这些具体工艺问题，不仅成为数控工艺处理时必须认真考虑的内容，而且还必须正确地选择并编入加工程序中。换言之，本来是由操作工人在加工中灵活掌握并可通过适时调整来处理的许多工艺问题，在数控加工时就转变成为编程人员必须事先具体设计和具体安排的内容。

3）数控加工的工艺处理相当严密。数控机床虽然自动化程度较高，但自适应性差。它不能对加工中出现的问题灵活地进行随机调整，尽管现代数控机床在自适应调整方面作了不少改进，但自由度还是不大。因此，在进行数控加工的工艺处理时，必须注意到加工过程中的每一个细节，考虑要十分严密。实践证明，数控加工中出现差错或失误的主要原因，多为工艺方面考虑不周或计算与编程时粗心大意。所以，编程人员不仅必须具备较扎实的工艺基础知识和较丰富的工艺设计经验，而且必须具有严谨踏实的工作作风。

2. 数控加工工艺的主要内容　数控加工工艺设计主要包括下列内容：选择零件的数控加工程序；对零件进行数控加工工艺性分析；数控加工的工艺路线设计（如工序的划分、加工顺序的安排、与传统加工工序的衔接等）；数控加工工序设计（如工步的划分、零件的定位与夹具的选择、刀具的选择、切削用量的确定等）；数控加工工艺文件编写。

3.2.3　数控加工工艺分析

在进行数控加工工艺性分析之前，有关工艺人员通常已经对零件图进行过一些工艺性分析。在进行数控加工的工艺分析时，编程人员应积极与普通加工工艺人员密切配合，根据数控加工的特点和所用数控机床的功能，充分做好数控加工工艺性分析。数控加工工艺性问题涉及面很广，其主要内容有：

1）分析影响数控加工工艺方案的主要因素，确定加工方法。影响数控加工工艺方案的主要因素，如图 3-10 所示。

数控加工与普通机床手动加工相比，刀具的切削原理没有什么不同，但高速切削机床主轴转速高达每分钟几万转，切削速度、进给速度的设定和刀具的选择与传统的切削有很大的不同。被加工工件通常都是由一些外圆、内孔、平面、成形表面等简单的几何型面构成，复杂形状的零件可能还包含曲面。所以数控加工主要就是基本表面（包含曲面）加工的组合，

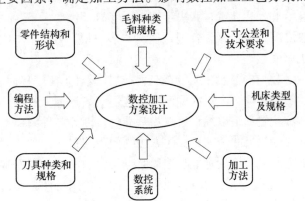

图 3-10　影响数控加工工艺方案的主要因素

数控加工方法的选择也就是各种加工方法的选择及组合优化。工件上的加工表面往往需要通过粗加工、半精加工、精加工等才能逐步达到质量要求，有些曲面还需进行抛光加工。加工方法的选择是指为了达到加工表面的精度和表面粗糙度要求而选用的由粗到精的加工方法，应根据每个加工表面的技术要求，先选择能保证该要求的最终加工方法，后选择其前导加工方法。使加工表面达到同等质量的加工方法是多种多样的，选择时应考虑下列因素：

①加工方法所能达到的加工经济精度和表面粗糙度。各种加工方法所能达到的经济精度与表面粗糙度可查阅有关机械加工工艺手册。

②工件材料的性质。例如淬火钢采用磨削加工，而非铁合金一般都用金刚镗或精密车削。

③工件的结构形状和尺寸。以内圆表面加工为例，回转体工件上的孔常采用车削、磨削加工；箱体工件上公差等级为 IT7 的孔不宜采用拉孔或磨孔，通常采用镗孔或铰孔。孔径大采用镗孔，孔径小采用钻铰孔。

④生产类型。根据不同的生产类型选择不同的加工方法，同时也要考虑工厂的实际情况。

对于一个零件来说，并非全部加工工艺过程都适合在数控机床上完成，而往往只是其中的一部分工艺内容适合数控加工。这就需要对零件图样进行仔细的工艺分析，选择那些最适合、最需要进行数控加工的内容和工序。在选择时，一般可按下列顺序考虑：

①普通机床无法加工的内容应作为优先选择内容。

②普通机床难加工，质量也难以保证的内容，应作为重点选择内容。

③普通机床加工效率低、工人手工操作劳动强度大的内容，可在数控机床尚存在富裕加工能力时选择。

一般来说，上述这些加工内容采用数控加工后，在产品质量、生产效率与综合效益等方面都会得到明显提高。相比之下，下列一些内容不宜选择采用数控加工：

①占机床调整时间长。如以毛坯的粗基准定位加工第一个精基准，需用专用工装协调的内容。

②加工部位分散，需要多次安装、设置原点。

③按某些特定的制造依据（如样板等）加工的型面轮廓。主要原因是获取数据困难，易与检验依据发生矛盾，增加了程序编制的难度。

此外，在选择和决定加工内容时，也要考虑生产批量、生产周期、工序间周转情况等。总之，要尽量做到合理，达到"多、快、好、省"的目的。要防止把数控机床降格为普通机床使用。

2）在确定好加工方法后，具体设计加工工序时，还应注意分析以下问题：

①零件图上尺寸标注方法应适应数控加工的特点。在数控编程中，所有点、线、面的尺寸和位置都是以编程原点为基准的。因此零件图样上最好直接给出坐标尺寸，或尽量以同一基准标注尺寸。这种标注方法既便于编程，也便于尺寸之间的相互协调，在保持设计基准、工艺基准、检测基准与编程原点设置的一致性方面带来很大方便。但是，由于零件设计人员一般在尺寸标注中较多地考虑装配等使用特性方面，而不得不采用局部分散的标注方法，这样将给工序安排与数控加工带来许多不便。由于数控加工精度和重复定位精度都很高，不会因产生较大的积累误差而破坏使用特性，因此可将局部分散的标注法（见图3-11）改为同

一基准的标注法（见图3-12）或直接给出坐标尺寸的标注法（见图3-13）。

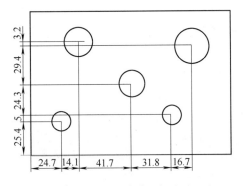

图 3-11　局部分散的标注法

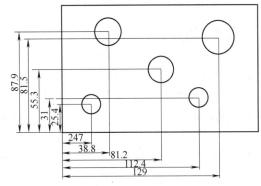

图 3-12　同一基准的标注法

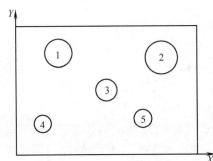

孔号	X	Y	孔径 ϕ
1	38.8	87.9	22.3
2	129	81.5	27.4
3	81.2	55.3	20
4	24.7	25.4	14.8
5	112.4	31	14.6

图 3-13　直接给出坐标尺寸的标注法

②构成零件轮廓的几何元素的条件应充分。在程序编制中，编程人员必须充分掌握构成零件轮廓的几何要素参数及各几何要素间的关系。因为在自动编程时要对零件轮廓的所有几何元素进行定义，手工编程时要计算出每个节点的坐标，无论哪一点不明确或不确定，编程都无法进行。但由于零件设计人员在设计过程中考虑不周或忽略，常常出现参数不全或不清楚，如圆弧与直线、圆弧与圆弧是相切还是相交或相离。所以在审查与分析图样时，一定要仔细核算，发现问题应及时与设计人员联系。

③定位基准可靠。在数控加工中，加工工序往往较集中，以同一基准定位十分重要。因此往往需要设置一些辅助基准，或在毛坯上增加一些工艺凸台。如图3-14所示，为增加零件定位的稳定性，可在底面增加一工艺凸台，在完成定位加工后再切除。

④应采用统一的基准定位。在数控加工中，若没有统一基准定位，会因工件的重新安装而导致加工后的两个面上轮廓位置及尺寸不协调现象。因此要避免上述问题的产生，保证两次装夹加工后其相对位置的准确性，应采用统一的基准定位。

零件上最好有合适的孔作为定位基准孔，若没有，要设置工艺孔作为定位基准孔，如在毛坯上增加工艺凸台或在后续工序要铣去的余量上设置工艺孔。若无

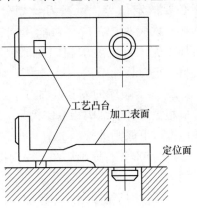

图 3-14　工艺凸台的应用

法制出工艺孔时，最起码也要用经过精加工的表面作为统一基准，以减少两次装夹产生的误差。

此外，还应分析零件所要求的加工精度、尺寸公差等是否可以得到保证，有无引起矛盾的多余尺寸或影响工序安排的封闭尺寸等。

3.2.4 数控加工工艺路线设计

数控加工工艺路线设计与普通机床加工工艺路线设计的主要区别，在于它往往不是指从毛坯到成品的整个工艺过程，而仅是几道数控加工工序工艺过程的具体描述。因此在工艺路线设计中一定要注意到，由于数控加工工序一般都穿插于零件加工的整个工艺过程中，因而要与其他加工工艺衔接好。常见的工艺流程如图 3-15 所示。

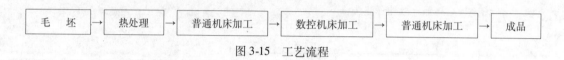

图 3-15　工艺流程

数控加工工艺路线设计中应注意以下几个问题：

1. 工序的划分　根据数控加工的特点，数控加工工序的划分一般可按如下原则进行编排：

（1）工序集中原则　应充分考虑数控机床的特点，尽可能在一次装夹中完成全部工序。如在数控车床上加工轴类零件时，为保证内、外圆柱面的同轴度或圆柱面与端面的垂直度，尽可能在一次装夹中完成；在加工中心上加工孔与端面有垂直度要求，或面与面之间有位置度要求时，也应该在一次装夹中完成。

（2）粗、精加工分开原则　考虑工件加工精度的不同，应将粗、精加工工序分开进行。这一方面可使粗加工引起的各种变形得到恢复，另一方面能及时发现毛坯的缺陷。如图 3-16 所示，在数控机床上加工轴类零件时，采用粗车、半精车、精车、螺纹加工的工艺路线；在数控铣床或加工中心上加工平面、台阶时，一般采用粗铣、半精铣、精铣的工艺路线；钻孔时，一般要进行钻孔、扩孔、铰孔的工艺路线等。

（3）按刀具划分工序的原则　为了减少换刀次数，减少空行程时间，消除不必要的定位差，可按刀具划分工序。即在一次装夹中，应尽可能用同一把刀具加工完工件上要求相同的部位后，再换另一把刀具加工。

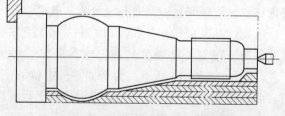

图 3-16　先粗加工后精加工实例

2. 加工顺序的安排　加工顺序的安排应根据零件的结构和毛坯状况，以及定位、安装与夹紧的需要来考虑。加工顺序的安排一般应按以下原则进行：

1）基准先行原则。在工序安排时，要首先安排零件在粗、精加工时要用到的定位基准的加工。

2）先粗后精原则。先粗加工，后精加工。

3）先面后孔原则。在零件既有面加工，又有孔加工时，要采用先加工面，后加工孔的方法，这样可以提高孔的加工精度，这与普通机床的加工原则是一样的。

4）先进行内腔加工，后进行外形加工。

5）上道工序的加工不能影响下道工序的定位与夹紧，中间穿插有普通机床加工工序的也应综合考虑。

6）以相同定位、夹紧方式加工或用同一把刀具加工的工序，最好连续加工，以减少重复定位次数、换刀次数与挪动压板次数。

3. 数控加工工艺与普通工序的衔接 数控加工工序前后一般都穿插有其他普通加工工序，如衔接得不好就容易产生矛盾。因此在熟悉整个加工工艺内容的同时，要清楚数控加工工序与普通加工工序各自的技术要求、加工目的、加工特点，如要不要留加工余量，留多少；定位面与孔的精度要求及几何公差；对毛坯的热处理状态等，这样才能使各工序相互满足加工需要。

3.2.5 数控加工工序设计

在选择了数控加工工艺内容和确定了零件加工路线后，即可进行数控加工工序的设计。数控加工工序设计的主要任务是进一步把本工序的加工内容、切削用量、工艺装备、定位夹紧方式及刀具运动轨迹确定下来，为编制加工程序做好准备。

1. 工步的划分 在一个工序内往往需要采用不同的刀具和切削用量，对不同的表面进行加工。为了便于分析和描述较复杂的工序，在工序内又细分为工步，工步的划分主要从加工精度和效率两方面考虑。下面以加工中心为例来说明工步划分的原则。

1）同一表面按粗加工、半精加工、精加工依次完成，或全部加工表面按先粗后精加工分开进行。

2）对于既要铣面又要镗孔的零件，先铣面后镗孔。按此方法划分工步，可以提高孔的加工精度。因为铣削时切削力较大，工件易发生变形。先铣面后镗孔，使其有一段时间恢复，可减少由变形引起的对孔的精度的影响。

3）按刀具划分工步。某些机床工作台回转时间比换刀时间短，可采用按刀具划分工步，以减少换刀次数，提高加工效率。

2. 零件的安装与夹具的选择

(1)定位安装的基本原则 在数控机床上加工零件时，定位安装的基本原则与普通机床相同，也要合理选择定位基准和夹紧方案。为了提高数控机床的效率，在确定定位基准与夹紧方案时应注意下列三点：

1）力求设计、工艺与编程计算的基准统一。

2）尽量减少装夹次数，尽可能在一次定位装夹后，加工出全部待加工表面。

3）避免采用占机占人工的调整式加工方案，以充分发挥数控机床的效能。

(2)选择夹具的基本原则 数控加工的特点对夹具提出了两个基本要求：一是要保证夹具的坐标方向与机床的坐标方向相对固定；二是要协调零件和机床坐标系的尺寸关系。除此之外，还要考虑以下几点：

1）当零件加工批量不大时，应尽量采用组合夹具、可调式夹具及其他通用夹具，以缩短生产准备时间、节省生产费用。

2）在成批生产时才考虑采用专用夹具，并力求结构简单。

3）零件的装卸要快速、方便、可靠，以缩短机床的停顿时间。

4）夹具上各零部件应不妨碍机床对零件各表面的加工，即夹具要开敞，其定位、夹紧机构元件不能影响加工中的进给（如产生碰撞等）。

此外，为了提高数控加工的效率，在成批生产中还可以采用多位、多件夹具。例如在数控铣床或立式加工中心的工作台上，可安装一块与工作台大小一样的平板，如图3-17所示，它既可作为大工件的基础板，也可作为多个中小工件的公共基础板，便于依次加工并排装夹的多个中小工件。

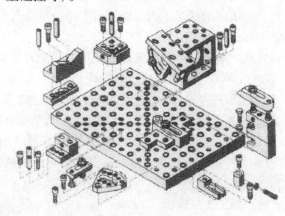

图 3-17　新型数控夹具元件

3. 刀具的选择　选择刀具通常要考虑机床的加工能力、工序内容、工件材料等因素。与传统的加工方法相比，数控加工对刀具的要求更高，不仅要求精度高、刚性好、寿命长，而且要求尺寸稳定、安装调整方便。这就要求采用新型优质材料制造数控加工刀具，并优选刀具参数。图3-18所示为数控车床和加工中心常用的刀具。

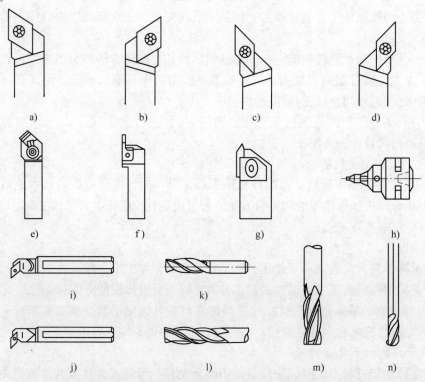

图 3-18　数控车床和加工中心常用的刀具
a）外圆右偏粗车刀　b）外圆右偏精车刀　c）外圆左偏粗车刀　d）外圆左偏精车刀
e）45°端面刀　f）外圆切槽刀　g）外圆螺纹刀　h）中心钻　i）粗镗孔刀
j）精镗孔刀　k）麻花钻　l）Z向铣刀　m）X向铣刀　n）球头铣刀

（1）数控车削的刀具与选用　刀具尤其是刀片的选择是保证加工质量，提高加工效率的重要环节。零件材质的切削性能、毛坯余量、工件的尺寸精度和表面粗糙度要求、机床自动化程度等都是选择刀片的重要依据。

数控车床能兼作粗、精车削，因此粗车时，选用强度高、寿命长的刀具，以便满足粗车时大的背吃刀量、大的进给量的要求；精车时，选用精度高、耐磨性好的刀具，以保证加工精度要求。此外，为减少换刀时间和方便对刀，应尽可能采用机夹刀和机夹刀片。夹紧刀片的方式选择要合理，刀片最好选用涂层硬质合金刀片。目前，数控车床用得最普遍的是硬质合金刀具和高速钢刀具两种。

（2）数控铣削的刀具与选用　选取刀具时，要使刀具的尺寸与被加工工件的表面尺寸和形状相适应。生产中，平面零件周边轮廓的加工常采用立铣刀。铣削平面时，应选硬质合金刀片盘铣刀；加工凸台、凹槽时，应选高速钢立铣刀；加工毛坯表面或粗加工孔时，可选镶硬质合金的玉米铣刀；对一些立体型面和变斜角轮廓外形的加工，常采用球头铣刀、环形铣刀、鼓形铣刀、锥形铣刀和盘形铣刀，如图 3-19 所示。

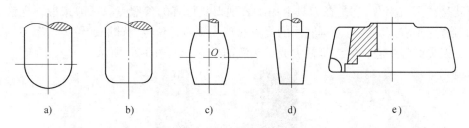

图 3-19　常用铣刀

a）球头铣刀　b）环形铣刀　c）鼓形铣刀　d）锥形铣刀　e）盘形铣刀

曲面加工常选用球头铣刀，但加工曲面较平坦部位时，刀具以球头顶端刃切削，切削条件较差，因而应采用环形铣刀；在单件或小批量生产中，为取代多坐标联动机床，常采用鼓形铣刀或锥形铣刀来加工飞机上一些变斜角零件；加镶齿盘铣刀，适用于在五坐标联动的数控机床上加工一些球面，其效率比用球头铣刀高近十倍，并可获得好的加工精度。

4. 切削用量的确定　当编制数控加工程序时，编程人员必须确定每道工序的切削用量，并填入程序单中。数控机床加工的切削用量包括：背吃刀量、主轴转速或切削速度（用于恒线速切削）、进给速度或进给量。

合理选择切削用量的原则是：粗加工时，一般以提高生产率为主，但也要考虑经济性和加工成本；半精加工和精加工时，应在保证加工质量的前提下，兼顾生产效率。在选择切削用量时应保证刀具能加工完成一个零件或保证刀具的寿命不低于一个工作班，最少也不低于半个工作班的工作时间。具体数值应根据机床说明书中的规定及经验选取。

1）背吃刀量是根据机床、夹具、刀具和零件的刚度以及机床功率来确定的。粗加工时，在机床工艺系统刚度允许的条件下，尽可能选取较大的切削用量，以减少进给次数，提高生产率，若一次能切净余量最好；精加工时，则应着重考虑如何保证加工质量，并在此基础上提高生产率。在数控机床上，精加工余量可小于普通机床，一般取 $0.2 \sim 0.5$mm。

2）主轴转速的确定应根据被加工部位的直径，并按零件和刀具的材料及加工性质等条件所允许的切削速度来确定。切削速度可通过计算、查表和经验获取。对使用交流变频调速的数控机床，由于其低速输出力矩小，因而切削速度不能太低。

主轴转速 $n(\text{r/min})$ 根据允许的切削速度 $v_c(\text{m/min})$ 按式（3-1）进行计算。

$$n = 1000v_c / \pi D \tag{3-1}$$

式中　v_c——切削速度，由刀具的寿命决定；

　　　D——工件或刀具直径（mm）。

3）进给速度是指在单位时间内，刀具沿进给方向移动的距离（单位为 mm/min）。有些数控车床也可以选用每转进给量（单位为 mm/r）表示进给速度。可以按以下原则来确定进给速度：

①当工件的质量要求能够得到保证时，为提高生产率，可选择较高的进给速度。

②切断、加工深孔或精车削时，宜选择较低的进给速度。

③刀具空行程，特别是远距离"回零"时，可以设定尽量高的进给速度。

④进给速度应与主轴转速和背吃刀量相适应，可通过计算或查表得到。

5. 对刀点与换刀点的确定　在进行数控加工编程时，往往是将整个刀具浓缩视为一个点，那就是"刀位点"。它是在刀具上用于表现刀具位置的参照点。一般来说，立铣刀、面铣刀的刀位点是刀具轴线与刀具底面的交点；球头铣刀刀位点为球心；镗刀、车刀的刀位点为刀尖或刀尖圆弧中心；钻头是钻尖或钻头底面中心，如图 3-20 所示。

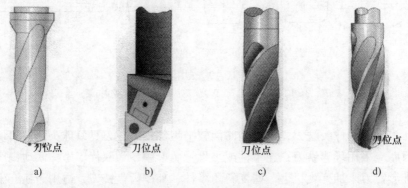

图 3-20　刀位点

a）钻头　b）车刀　c）圆柱铣刀　d）球头铣刀

对刀操作就是要测定出程序起点处刀具刀位点（即对刀点）相对机床原点以及工件原点的坐标位置。如图 3-21 所示，对刀点相对于机床原点为 (X_0, Y_0)，相对于工件原点为 (X_1, Y_1)，这样才能确定机床坐标系、工件坐标系和对刀点之间的位置关系。

数控机床对刀时，常采用千分表、对刀测头或对刀瞄准仪进行找正对刀，具有很高的对刀精度。对有原点预置功能的 CNC 系统，设定好后，数控系统即将坐标原点储存起来。即使不小心移动了刀具的位置，也可很方便地令其返回到起刀点处。有的还可分别对刀后，一次预置多个原点，调用相应部位的零件

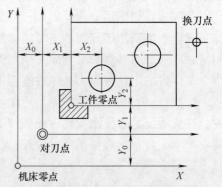

图 3-21　对刀点的设定

加工程序时，其原点自动变换。在编程时应正确地选择"对刀点"的位置。对刀点的选择原则如下：

1）所选的对刀点应使程序编制简单。

2）对刀点应选择在容易找正、便于确定零件加工原点的位置。

3）对刀点应选在加工时检验方便、可靠的位置。

4）对刀点的选择应有利于提高加工精度。

对刀点可以设置在工件上，也可设在工件外（夹具或机床上）。为了提高加工精度，对刀点应尽量选在零件的设计基准或工艺基准上，如以孔定位的工件，可选孔的中心作为对刀点。成批生产时，为减少多次对刀带来的误差，常将对刀点既作为程序的起点，也作为程序的终点。

加工过程中需要换刀时，一般应规定换刀点。所谓"换刀点"是指刀架转位换刀时的位置。该点可以是某一固定点（如加工中心机床，其换刀机械手的位置是固定的），也可以是任意的一点（如车床）。换刀点应设在工件或夹具的外部，以刀架转位时不碰到工件及其他部件为准。其设定值可用实际测量方法或计算确定。

6. 进给路线的确定　进给路线就是刀具刀位点相对于工件运动的轨迹，它不但包括了工步的内容，也反映出工步顺序。进给路线是编写程序的依据之一。确定进给路线时应注意以下几点：

（1）寻求最短加工路线　如加工图 3-22 所示零件上的孔系。图 3-22a 所示的进给路线为先加工完外圈孔后，再加工内圈孔。若改用图 3-22b 所示的进给路线，减少空刀时间，则可节省定位时间近一倍，提高了加工效率。

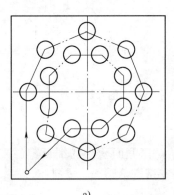 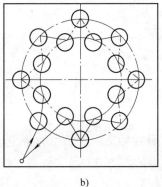

图 3-22　最短进给路线的设计

（2）最终轮廓一次进给完成　为保证工件轮廓表面加工后的表面粗糙度要求，最终轮廓应安排在最后一次进给中连续加工出来。图 3-23a 所示为用行切方式加工内腔的进给路线，这种进给能切除内腔中的全部余量，不留死角，不伤轮廓。但行切法将在两次进给的起点和终点间留下残留高度，而达不到要求的表面粗糙度。所以采用图 3-23c 所示的进给路线，先用行切法，最后沿周向环切一刀，光整轮廓表面，能获得较好的效果。图 3-23b 所示是环切法，也是一种较好的进给路线。

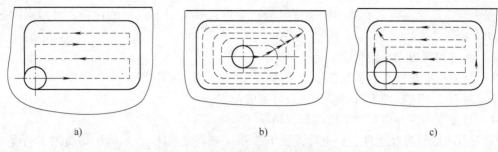

图 3-23　铣削内腔的三种进给路线
a）行切法　b）环切法　c）先行切后环切

（3）选择切入切出方向　考虑刀具的进、退刀（切入、切出）路线时，刀具的切出或切入点应在沿零件轮廓的切线上，以保证工件轮廓光滑；应避免在工件轮廓面上垂直上、下刀而划伤工件表面；尽量减少在轮廓加工切削过程中的暂停（切削力突然变化造成弹性变形），以免留下刀痕，如图 3-24 所示。

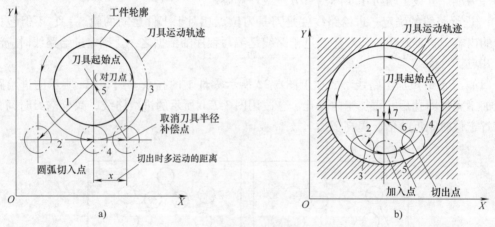

图 3-24　刀具切入和切出时的外延
a）加工轴　b）加工孔

（4）选择使工件在加工后变形小的路线　对横截面积小的细长零件或薄板零件应采用分几次进给加工到最后尺寸或对称去除余量法安排进给路线。安排工步时，应先安排对工件刚性破坏较小的工步。

总之，确定进给路线的原则是，在保证零件加工精度和表面粗糙度的条件下，尽量缩短加工路线，以提高生产率。

7. 编制加工程序　根据加工工序设计内容，其中包括工艺参数、刀具的运动轨迹、位移量、切削参数（主轴转速、进给量、背吃刀量等）以及辅助功能（换刀、主轴正反转、切削液开关等），按照数控系统规定的指令代码及程序格式编写成加工程序。

3.2.6　数控加工工艺文件

数控加工工艺文件既是数控加工、产品验收的依据，也是操作者要遵守、执行的规程，同时还为产品零件重复生产做了技术上的必要工艺资料积累和储备。该文件主要包括数控加工工序卡、数控刀具调整单、机床调整单、零件加工程序单等。

不同的数控机床,工艺文件的内容有所不同,为了加强技术文件管理,数控加工工艺文件也向标准化、规范化的方向发展。但目前由于种种原因国家尚未制定统一的标准,下面介绍其中的几种数控加工专用技术文件,仅供参考。

1. 加工工艺规程卡 将加工工艺路线设计的内容填入加工工艺规程卡。如表 3-2 为某齿轮坯零件加工工艺规程卡。

表 3-2 某齿轮坯零件加工工艺规程

工序号	工 序 内 容	刀具号	刀具名称	主轴转速 /(r·min^{-1})	进给速度 /(mm·r^{-1})	背吃刀量 /mm	机床	夹具
1	粗精车右端面	T01	左车刀	300/600	0.1/0.25	2/0.5	数控车床	三爪自定心卡盘
2	粗精车 ϕ60mm 外径和长度 12mm 至尺寸,倒大外角	T01	左车刀	600/400	0.12/0.3	1/1.5	数控车床	三爪自定心卡盘
3	粗精车内孔至尺寸,孔口倒角	T02	ϕ12mm 内孔刀	300/250	0.1/0.2	0.5/0.8	数控车床	三爪自定心卡盘
4	粗车左端面	T01	左车刀	350	0.1	2	数控车床	三爪自定心卡盘
5	精车左端面,保证总长尺寸,孔口倒角,倒大外角	T01	左车刀	300	0.25	0.5	数控车床	三爪自定心卡盘
6	粗精车 ϕ105mm 外径至尺寸	T01	左车刀	600/400	0.15/0.25	0.5/1	数控车床	三爪自定心卡盘

2. 数控加工工序卡 数控加工工序卡与普通加工工序卡有许多相似之处,但不同的是该卡中应反映使用的辅具、刀具切削参数、切削液等,它是操作人员配合数控程序进行数控加工的主要指导性工艺资料。工序卡应按已确定的工步顺序填写。表 3-3 为某齿轮坯零件数控加工工序卡。

表 3-3 某齿轮坯零件数控加工工序卡

单位名称		产品名称或代号		零件名称	零件图号
×××		×××		齿轮坯	×××
工序号	程序编号	夹具名称		加工设备	车间
×××	×××	三爪自定心卡盘 + 锥度心轴 + 顶尖		CK6132	机械加工

工步号	工步内容	刀具号	刀具规格 /mm	主轴转速 /(r·min^{-1})	进给速度 /(mm·r^{-1})	检测工具	备 注
1	粗车右端面至总长 34.6mm	T01	20×25	350	0.3	游标卡尺	
2	粗车 ϕ60mm 外径至 ϕ62mm ×11mm	T01	20×25	350	0.25	游标卡尺	
3	粗精车左端面至总长 33mm,表面粗糙度 Ra 为 1.6μm	T01	20×25	370	0.3/0.15	游标卡尺	掉头装夹

（续）

工步号	工步内容	刀具号	刀具规格/mm	主轴转速/(r·min^{-1})	进给速度/(mm·r^{-1})	检测工具	备注
4	粗精车 $\phi105$mm 外径至尺寸，保证 $\phi105_{-0.07}^{\ 0}$mm	T01	20×25	380	0.3/0.15	外径千分尺	
5	粗车、半精车、精车 $\phi40$mm 内孔至尺寸，保证 $\phi40_{\ 0}^{+0.025}$mm	T02	$\phi20$	850	0.25/0.12	内径千分表	
6	左端内孔 C1 和大外角 C2 倒角	T03	20×25	360	0.2	游标卡尺	
7	精车 $\phi60$mm 外径和台肩面 20mm 至尺寸	T01	20×25	400	0.2	游标卡尺	掉头装夹找正，防夹伤
8	半精车右端面至总长 32.3mm	T01	20×25	500	0.15	游标卡尺	
9	右端内孔、外圆倒角 C1 和大外角 C2 倒角	T03	20×25	360	0.2	游标卡尺	
10	精车右端面，保证总长 $32_{\ 0}^{+0.16}$mm	T01	20×25	550	0.08	带表游标卡尺	锥度心轴＋顶尖
编制 ××× 审核 ××× 批准 ×××				年 月 日		共 页	第 页

若在数控机床上只加工零件的一个工步时，也可不填写工序卡。在工序加工内容不十分复杂时，可把零件草图反映在工序卡上，并注明编程原点和对刀点等。

3. 数控刀具调整单 数控刀具调整单主要包括数控刀具卡片（简称刀具卡）和数控刀具明细表（简称刀具表）两部分。

数控加工时，对刀具的要求十分严格，一般要在机外对刀仪上，事先调整好刀具直径和长度。刀具卡主要反映刀具编号、刀具结构、尾柄规格、组合件名称代号、刀片型号和材料等，它是组装刀具和调整刀具的依据。数控刀具明细表是调刀人员调整刀具输入的主要依据。数控刀具明细表格式见表 3-4。

表 3-4 数控刀具明细表

零件图号	零件名称	材料		数控刀具明细表		程序编号	车间	使用设备
JS0102-4								

刀号	刀位号	刀具名称	刀具图号	刀具			刀补地址		换刀方式	加工部位
				直径/mm		长度/mm	直径	长度	自动/手动	
				设定	补偿	设定				
T13001		镗刀		$\phi63$		137			自动	
T13001		镗刀		$\phi64.8$		137			自动	
编制		审核		批准			年 月 日		共 页	第 页

4. 机床调整单　机床调整单是机床操作人员在加工前调整机床的依据。它主要包括机床控制面板开关调整单和数控加工零件安装、零点设定卡片两部分。

机床控制面板开关调整单主要记有机床控制面板上有关"开关"的位置，如进给速度、调整旋钮位置或超调（倍率）旋钮位置、刀具半径补偿旋钮位置及冷却方式等内容。

数控加工零件安装和零点设定卡片（简称装夹图和零点设定卡表明了数控加工零件定位方法和夹紧方法，也表明了工件零点设定的位置和坐标方向，使用夹具的名称和编号等。数控机床的功能不同，机床调整单的形式也不同。

5. 数控加工程序单　数控加工程序单是编程员根据工艺分析情况，经过数值计算，按照机床特点的指令代码编制的。它是记录数控加工工艺过程、工艺参数、位移数据的清单，以及手动数据输入（MDI）、实现数控加工的主要依据。不同的数控机床，不同的数控系统的程序单格式不同。

6. 数控加工进给路线图　在数控加工中，常常要注意并防止刀具在运动过程中与夹具或工件发生意外碰撞，为此必须设法告诉操作者关于编程中的刀具运动路线（如从哪里下刀、在哪里抬刀、哪里是斜下刀等）。为简化进给路线图，一般可采用统一约定的符号来表示。不同的机床可以采用不同的图例与格式。表 3-5 为某数控加工进给路线图。

表 3-5　某数控加工进给路线图

数控加工进给路线图		零件图号	NC01	工序号		工步号		程序号	O100
机床型号	XK5032	程序段号	N10 ~ N170	加工内容	铣轮廓周边			共 1 页	第　页

符号	⊙	⊗	⊕	●→	→	→←⊥	○----	⌒	⇄
含义	抬刀	下刀	编程原点	起刀点	进给方向	进给线相交	爬斜坡	铰孔	行切

3.3　数控加工编程基础

数控编程（数控机床加工程序编制）就是把零件的加工工艺路线、工艺参数、刀具的运动轨迹、位移量、切削参数（主轴转速、进给量、背吃刀量等）以及辅助功能（换刀、主轴正反转、切削液开关等），按照数控系统规定的指令代码及程序格式编写成加工程序，再把这一程序输入到数控机床的数控系统中，从而指挥机床加工零件的全过程。

3.3.1 数控编程的内容及步骤

数控编程的内容及步骤如图 3-25 所示。

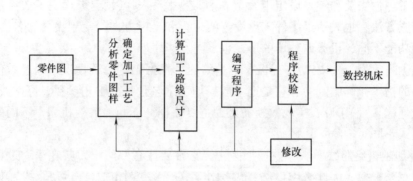

图 3-25 数控编程的内容及步骤

（1）分析图样 在编程之前，首先针对具体的零件图样进行分析。主要分析零件尺寸、加工精度、表面质量、使用材料、结构工艺性等内容。

（2）确定加工工艺方案 在确定加工工艺过程时，编程人员要根据图样对零件的技术要求，选择加工方法，确定加工顺序、加工路线、装夹方式、刀具及切削参数，选择对刀点、换刀点。

（3）数值计算 在确定了工艺方案后，就需要根据零件的几何尺寸、加工路线等，计算刀具中心运动轨迹，以获得刀位数据。数控系统一般均具有直线插补与圆弧插补功能，对于加工由圆弧和直线组成的较简单的平面零件，只需要计算出零件轮廓上相邻几何元素交点或切点的坐标值，得出各几何元素的起点、终点、圆弧的圆心坐标值等，就能满足编程要求。当零件的几何形状与控制系统的插补功能不一致时，就需要进行较复杂的数值计算，一般需要使用计算机辅助计算来完成。

（4）编写零件加工程序 加工工艺和刀位数据确定以后，编程人员可以根据数控系统规定的功能指令代码及程序段格式，逐段编写加工程序。

（5）程序校验与首件试切 程序必须经过校验和试切才能正式使用。校验的方法可以是让机床空运转，以检查机床的运动轨迹是否正确；也可以在数控机床 LCD 图形显示屏上，模拟刀具与工件切削过程进行检验。但这些方法只能检验出运动是否正确，不能查出被加工零件的加工精度。因此有必要进行零件的首件试切。当发现有加工误差时，应分析误差产生的原因，找出问题所在，加以修正。

3.3.2 数控编程方法

数控编程一般分为手工编程和自动编程两种方法。

1. 手工编程 手工编程是指编程员根据加工零件图样和工艺，采用数控程序指令和指定格式进行程序编写，然后通过操作键盘的手动数据输入方法（MDI 方式）将程序送入数控系统内，再进行调试、修改。手工编程的内容与过程如图 3-26 所示。

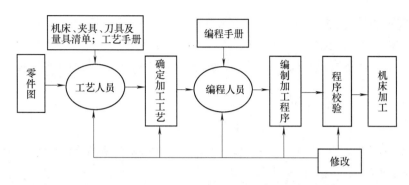

图 3-26　手工编程的内容与过程

对于加工形状简单的零件，计算比较简单，程序不长，采用手工编程较容易完成，而且经济、及时，因此在点定位加工及由直线与圆弧组成的轮廓加工中，手工编程仍广泛应用。但对于形状复杂的零件，特别是具有非圆曲线、列表曲线及曲面的零件，用手工编程就有一定的困难，有的甚至无法编出程序，因此必须用自动编程的方法编制程序。

2. 自动编程　自动编程即利用计算机进行辅助编制数控加工程序的过程（详见第 7 章）。

根据输入方式的不同，可将自动编程分为图形数控自动编程、语言数控自动编程和语音数控自动编程等。

图形数控自动编程是指将零件的图形信息直接输入计算机，通过自动编程软件的处理，得到数控加工程序。目前，图形数控自动编程是使用最为广泛的自动编程方式，图形数控自动编程的内容及步骤如图 3-27 所示。

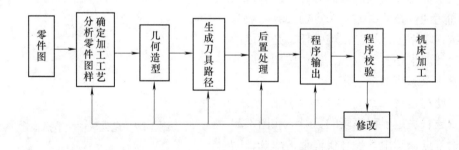

图 3-27　图形数控自动编程的内容及步骤

语言数控自动编程指将加工零件的几何尺寸、工艺要求、切削参数及辅助信息等用数控语言编写成源程序后，输入到计算机中，再由计算机进一步处理得到零件加工程序。语音数控自动编程是采用语音识别器，将编程人员发出的加工指令声音转变为加工程序。

3.3.3　数控编程坐标点的计算

根据零件图样选定了加工路线之后，就需要计算确定描述加工路线的具体坐标数据，以便编制加工程序。这项工作称为数值计算。

1. 基点坐标的计算　零件的轮廓一般由直线、圆弧或二次曲线等几何要素所组成，各几何要素之间的连接点称为基点。基点坐标是编程中必需的重要数据。

例如，在图 3-28 所示的零件中，A、B、C、D、E 为基点。A、B、D、E 的坐标值从图中很容易找出，C 点是直线与圆弧切点，要联立方程求解。以 B 点为计算坐标系原点，联立下列方程：

直线方程：$Y = \tan(\alpha + \beta)X$

圆弧方程：$(X - 80)^2 + (Y - 14)^2 = 30^2$

可求得（64.2786, 39.5507），换算到以 A 点为原点的编程坐标系中，C 点坐标为（64.2786, 51.5507）。

可以看出，对于如此简单的零件，基点的计算都很麻烦，所以我们可以采用 CAD 软件绘图来确定基点的坐标值。对于复杂的零件，为提高编程效率，可应用 CAD/CAM 软件自动编程。

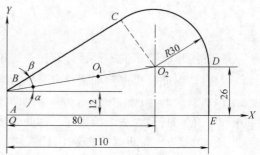

图 3-28　零件图形中的基点

2. 节点坐标的计算　数控系统一般只具备直线插补和圆弧插补功能。如果工件轮廓是非圆曲线（抛物线、阿基米德螺旋线或列表曲线等），就只能采用逼近法，即用多个直线段或圆弧段去逼近被加工曲线，逼近线段与被加工曲线的交点称为节点。

例如，对图 3-29 所示的曲线，用直线逼近时，其交点 A、B、C、D、E、F 等即为节点。

在编程时，首先要计算出全部节点的坐标，并按节点划分各个程序段。节点数目的多少，取决于被加工曲线的特征方程、逼近线段的形状和允许插补的误差。节点的计算一般都比较复杂，靠手工计算已很难胜任，必须借助计算机处理。求得各节点后，就可按相邻两节点间的直线来编写加工程序。

这种通过求得节点，再编写程序的方法，使得节点数目决定了程序段的数目。在图 3-29中有 6 个节点，即用 5 段直线逼近了曲线，因

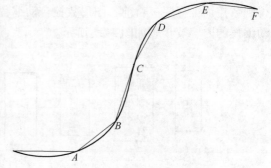

图 3-29　逼近法中的节点概念

而就有 5 个直线插补程序段。节点数目越多，由直线逼近曲线产生的误差越小，程序的长度则越长。可见，节点数目的多少，决定了加工的精度和程序的长度。因此，正确确定节点数目是个关键问题。

3.3.4　刀具补偿

刀具在经过一定时间的加工操作之后，磨损是不可避免的，其主要体现在刀具长度和刀具的半径变化上，因此，刀具补偿一般分为刀具半径补偿和刀具长度补偿。

1. 刀具半径补偿　在轮廓加工过程中，由于刀具总有一定的半径（如铣刀的半径或钻头的半径等），刀具中心的运动轨迹并不等于所需加工零件的实际轨迹，而是偏移刀具轮廓一个半径值，这种偏移习惯上被称为刀具半径补偿，因此，数控机床在进行加工时必须要考虑刀具的半径补偿值。

现以数控铣床为例，见图 3-30，若要用半径为 r 的刀具加工外轮廓为 A 的工件，那么刀具中心轨迹就必须沿着与轮廓 A 偏移距离为 r 的轨迹 B 移动，即铣削时刀具的中心轨迹与工件的实际轮廓是不一致的。

我们可以根据刀具半径 r 的值和轮廓 A 的坐标参数计算出轨迹 B 的坐标参数，再编制数控程序进行加工，但这种方法很不方便。因为当材料、工艺变化或者刀具磨损需要更换时，程序就必须重新编制，如果不考虑刀具半径，直接按零件的轮廓编程，虽然方便，但是这时刀具中心（刀位点）是按工件轮廓运动的，加工出来的零件必然比实际要求的尺寸小（加工内轮廓时会大一个半径值），因此，为了既能使编程方便，又能使刀具中心按轨迹 B 运动，即加工出合格的零件来，就需要用刀具半径补偿功能。

需要指出的是，刀具补偿功能并不是程序编制人员来完成的，程序编制人员只是按零件的加工轮廓进行编程，同时应用指令告诉 CNC 系统刀具是沿着零件内轮廓运动还是沿外轮廓运动，实际的刀具补偿是在 CNC 系统内部由计算机自动完成的。CNC 系统根据零件轮廓尺寸和刀具运动方向的指令，以及实际加工中所用的刀具半径值等自动完成刀具补偿计算。

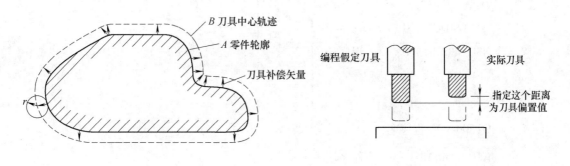

图 3-30　数控加工刀具中心轨迹　　　　图 3-31　数控加工刀具长度补偿

根据 ISO 标准，当刀具中心轨迹在程序轨迹前进方向右边时称为右刀具补偿，用 G42 表示，反之则用 G41 表示。当不需要进行刀具补偿时用 G40 表示。

2. 刀具长度补偿　如图 3-31 所示，在数控立式铣镗床上，当刀具磨损或更换刀具使 Z 向刀尖不在原始加工的编程位置时，必须在 Z 向进给中，通过伸长或缩短一个偏置值的办法来补偿其尺寸变化，以保证加工深度仍然达到原设计尺寸要求。刀具的长度补偿由准备功能 G43、G44、G49 以及 H 代码指定。具体指令的运用在第 5 章中会详细介绍。

3.3.5　数控程序格式和指令

数控程序（数控加工程序）将零件加工工艺方案的传统文字和图样信息用数控系统规定的代码和格式转化为数控机床能够识别的指令和数据信息，这种程序从总体上看，主要由英文字母和阿拉伯数字以及少量其他符号和字母构成指令字和程序段。尽管如此，但每种数控系统，都有一些自定的程序格式和规定，当今世界使用的数控系统有上百种，因此编程人员必须严格按照机床说明书要求的格式和规定进行编程。目前我国较为常见的数控系统是日本 FANUC 系统和德国 SIEMENS 系统，两者程序格式上的主要区别见表 3-6。这里以 FANUC 系统为主介绍数控程序格式和指令。

表 3-6　FANUC 系统与 SIEMENS 系统程序格式上的主要区别

控制系统 项目	FANUC	SIEMENS
代码标准	ISO 或 EIA	ISO 或 EIA
程序段格式	字地址程序段格式	字地址程序段格式
主程序名	O××× ×	:×××
子程序名	O××× ×	英文字母、数字及下划线构成,字母开头,最多 8 个字符
程序段结束符	;	LF
程序结束符	M30	M02

1. 程序的结构　一个完整的数控加工程序可由主程序和子程序组成,主程序和子程序分别由程序名、若干程序段组成,程序段由若干指令字组成。

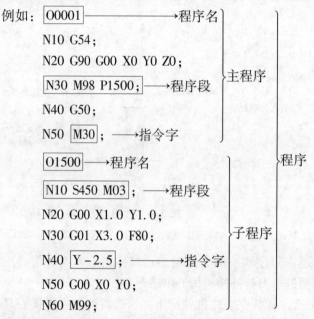

（1）程序名（程序文件名、程序号）　在程序开头要有程序名,以便进行程序检索。程序名就是给这段程序一个文件名,常用字符"O"及其后 4 位数字表示;有时也用字符"%"或"P"打头编号。

（2）主程序和子程序　在一个加工程序中,如果有若干个连续的程序段完全相同（重复走几个形状尺寸相同的加工路线）,可将这些程序段单独编成子程序,供主程序反复调用,从而缩短程序,如图 3-32 所示。

2. 程序段结构（格式）　程序是由若干程序段组成的,每个程序段又由若干个指令字组成。下面列出的是某程序中的一

图 3-32　子程序应用示意图

个程序段，其格式具体说明见表3-7。

N20　G01　X－12.3　F80　S250　T03　M08；

表 3-7　程序段格式说明

N—	G—	X—Y—Z—	⋯	F—	S—	T—	M—	；
程序段号	准备功能	坐标位置	其他坐标	进给速度功能	主轴转速功能	刀具功能	辅助功能	程序段结束符

各类字（指令字）的排列不要求有固定的顺序，为了书写、输入、检查和校对的方便，指令字在程序段中习惯按表 3-7 的顺序排列。书写和打印时，每个程序段一般占一行。

3. 指令字格式　指令字（又称为指令、指令代码、代码字、程序字、功能字、功能代码、字）由若干个字符组成，字符主要有英文字母、数字和符号。指令字的组成如下所示：

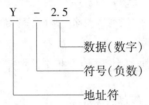

指令字字首一般是一个英文字母，它称为字的地址符。字的功能类别由地址决定。表 3-8 是常见地址符的含义。

表 3-8　常见地址符的含义

名称	地址符	意　义	名称	地址符	意　义
程序名	%、O、P	程序编号，子程序号的指定	主轴转速功能	S	主轴旋转速度的指令
程序段号	N	程序段顺序编号	刀具功能	T	刀具编号指令
准备功能	G	指令动作方式（直线圆弧等）	辅助功能	M	机床开/关等辅助指令
尺寸字（坐标值）	X、Y、Z	坐标轴的移动指令	补偿号	H、D	补偿号指定
	I、J、K	圆弧中心坐标	暂停	P、X	暂停时间指定
	U、V、W A、B、C	附加轴的移动、旋转指令	重复次数	L	子程序及固定循环的重复次数
进给速度	F	进给速度的指令	圆弧半径	R	指定实际圆弧半径的尺寸字

指令字按其功能分有 7 种类型，分别为程序段号字、准备功能字、尺寸字、进给速度功能字、主轴转速功能字、刀具功能字和辅助功能字。

程序段号字又称程序段序号字、顺序号字、语句号字。程序段号字位于程序段之首，由地址程序段号 N 和后续数字组成。后续数字一般为 1~4 位的正整数。程序段序号实际上与程序执行的先后次序无关，数控系统是按照程序段编写时的排列顺序逐段执行的。程序段号用于对程序的校对和检索修改以及作为条件转向的目标。编程时一般将第一程序段冠以 N10，以后以间隔 10 递增的方法设置顺序号，这样，在调试程序时，便于在两个程序段之间插入程序段，例如，N11、N12 等。

尺寸字又称坐标值字，尺寸字用于确定机床上刀具运动终点的坐标位置。

4. 常用的指令字简介　数控加工程序指令字中最常用的是工艺指令，工艺指令大体分为三类，分别是准备性工艺功能——G 指令、辅助性工艺功能——M 指令、其他常用功能——T、S、F 指令。

（1）准备功能指令　准备功能指令，也称为 G 功能指令、G 代码、G 功能。这类指令是为数控系统作插补运算作准备的工艺指令，如刀具沿哪个坐标平面运动，是直线插补还是圆弧插补等。G 指令由地址符字母 G 和其后两位数字组成，从 G00～G99 共有 100 种。

（2）辅助功能指令　辅助功能指令，也称为 M 功能指令、M 代码、M 功能。这类指令与插补运算无关，主要用于指定数控机床主轴启停和辅助装置的开关等动作。M 指令由地址符字母 M 和其后的两位数字组成，从 M00～M99 共有 100 种。一个程序段中只能指定一个 M 代码，如果指定了一个以上时，则最后一个 M 代码有效。准备功能 G 和辅助功能 M 的代码详情见第 4 章和第 5 章或参考 JB/T 3208—1999。

（3）其他常用功能指令

1）进给速度功能字。进给功能字的地址符是 F，又称为 F 功能或 F 指令，用于指定切削的进给速度。

2）主轴转速功能字。主轴转速功能字的地址符是 S，又称为 S 功能或 S 指令，用于指定主轴转速。

3）刀具功能字。刀具功能字的地址符是 T，又称为 T 功能或 T 指令，用于指定加工时所用刀具的编号。

复习与思考题

1. 为什么要对数控机床进行坐标规定？X、Y、Z 三轴如何确定？如何确定它们的方向？
2. 试确定数控车床和立式、卧式加工中心的坐标轴及其方向。
3. 什么是机械加工工艺规程？制订工艺规程的一般步骤有哪些？
4. 数控加工工艺有何特点？
5. 数控编程的内容和步骤有哪些？
6. 数控编程指令字按功能分有几种？准备功能代码与辅助功能代码在数控编程中的作用如何？
7. 如何设计数控加工工序？

第4章 数控车床编程与操作

4.1 数控车床概述

数控车床又称为 CNC 车床，即用计算机数字控制的车床。数控车床是将编制好的加工程序输入到数控系统中，由数控系统通过车床的 X、Z 轴伺服电动机去控制车床进给运动部件的动作顺序、移动量和进给速度，再配以主轴的转速和转向，用以加工出各种轴类或盘类回转体零件。数控车床是目前使用最为广泛的数控机床。

数控车床与普通卧式车床相比，其结构上仍然是由主轴箱、刀架、进给传动系统、床身、冷却系统、润滑系统等组成，只是数控车床的进给系统与普通卧式车床的进给系统在结构上存在着本质的区别。普通卧式车床主轴的运动经过交换齿轮架、进给箱、溜板传到刀架实现纵向和横向的进给运动。而数控车床是采用伺服电动机经滚珠丝杠螺母副，传到滑板和刀架，实现 Z 向和 X 向的进给运动。可见数控车床的进给传动系统结构较普通卧式车床大为简化。

4.1.1 数控车床的用途及分类

数控车床主要用于加工轴类、套筒类和盘类零件的各种回转体表面，如内外圆柱面、圆锥面、成形回转表面及螺纹面等，特别适合于加工形状复杂的回转表面，还可以加工高精度的曲面与螺纹面。所用刀具主要是车刀、各种孔加工刀具（如钻头、铰刀、镗刀等）及螺纹刀具。各种形状的车刀的加工特点如图 4-1 所示。切断刀用于切断工件；90°左、右偏刀用于车削外圆和左右端面；弯头车刀和直头车刀主要用于车削外圆；成形车刀用于车削成形表面；宽刃精车刀用于精车外圆；外螺纹车刀用于车削外螺纹；端面车刀主要用于车削端面；内螺纹车刀用于车削内螺纹；内槽车刀用于车内槽；通孔车刀用于镗孔；不通孔车刀用于镗不通孔。

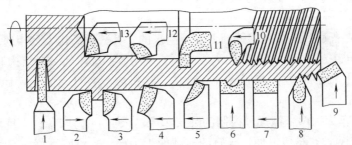

图 4-1 各种形状的车刀的加工特点

1—切断刀 2—90°左偏刀 3—90°右偏刀 4—弯头车刀 5—直头车刀 6—成形车刀 7—宽刃精车刀
8—外螺纹车刀 9—端面车刀 10—内螺纹车刀 11—内槽车刀 12—通孔车刀 13—不通孔车刀

随着数控技术的发展，形成了数控车床多品种、多规格的局面，对数控车床的分类可以采用不同的方法。

1. 按数控系统功能分类

（1）经济型数控车床　经济型数控车床是在普通卧式车床的基础上进行改造设计的，一般采用步进电动机驱动的开环伺服系统，其控制部分一般采用单板机或单片机实现。

（2）全功能型数控车床　一般采用交流或直流伺服电动机驱动的闭环或半闭环伺服系统，其控制部分一般采用专用计算机实现。

2. 按主轴的配置形式分类

（1）卧式数控车床　主轴轴线处于水平位置的数控车床。

（2）立式数控车床　主轴轴线处于垂直位置的数控车床。

还有具有两根主轴的车床，称为双轴卧式数控车床或双轴立式数控车床。

3. 按数控系统控制的轴数分类

（1）两轴控制的数控车床　机床上只有一个回转刀架，可实现两坐标控制。

（2）四轴控制的数控车床　机床上有两个独立的回转刀架，可实现四轴控制。

对于车削中心或柔性制造单元，还要增加其他的附加坐标轴来满足机床的功能，可实现车削、铣削、钻削等功能。目前，我国使用较多的是中、小规格的两坐标连续控制的数控车床。

数控车床的几种常见类型如图4-2所示。

  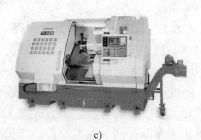

a)　　　　　　　　　　b)　　　　　　　　　　c)

图4-2　数控车床的几种常见类型

a）经济型数控车床　b）普通数控车床　c）车削加工中心

4.1.2　数控车床的一般结构

数控车床是在普通卧式车床的基础上发展起来的，其一般结构大致相通。下面以济南一机床集团有限公司生产的MJ—50数控车床为例，说明数控车床的一般结构。

图4-3所示是MJ—50数控车床的外观结构，该机床配备日本的FANUC或德国的SIEMENS等数控系统。

MJ—50数控车床为两坐标连续控制的卧式车床。床身14为床身，床身导轨面上支承着30°倾斜布置的滑板13，排屑方便。导轨的横截面为矩形，支承刚性好，且导轨上配置有防护罩8。床身的左上方安装有主轴箱4，主轴由交流伺服电动机驱动，免去变速传动装置，因此主轴箱的结构变得十分简单。为了快速而省力地装夹工件，主轴卡盘3的夹紧与松开是由主轴尾端的液压缸来控制的。床身右上方安装有尾座12。滑板的倾斜导轨上安装有回转刀架11，其刀盘上有10个工位，最多安装10把刀具。滑板上分别安装有X轴和Z轴的进给传动装置。

根据用户的要求，主轴箱前端面上可以安装对刀仪2，用于机床的机内对刀。检测刀具时，对刀仪的转臂 9 摆出，其上端的接触式传感器测头对所用刀具进行检测。检测完成后，对刀仪的转臂摆回图中所示的原位，且测头被锁在对刀仪防护罩 7 中。10 是操作面板，5 是机床防护门，可以配置手动防护门，也可以配置气动防护门。液压系统的压力由压力表 6 显示。1 是主轴卡盘夹紧与松开的脚踏开关。

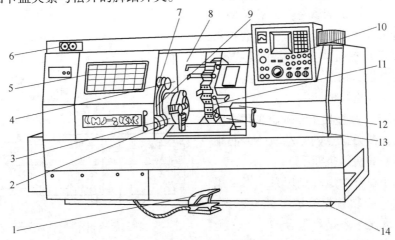

图 4-3　MJ—50 数控车床的外观图

1—脚踏开关　2—对刀仪　3—卡盘　4—主轴箱　5—防护门　6—压力表　7—对刀仪防护罩
8—防护罩　9—转臂　10—操作面板　11—回转刀架　12—尾座　13—滑板　14—床身

4.2　数控车削加工工艺

4.2.1　选择工件原点

1. 车床坐标系　卧式数控车床是两坐标的机床，只有 X 轴和 Z 轴，刀架配置形式分为前置和后置，不同的配置坐标方向不同，如图 4-4 所示。

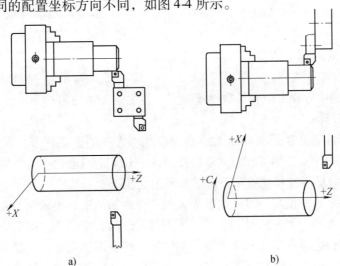

a)　　　　　　　　　　b)

图 4-4　卧式数控车床的坐标方向

a）前置刀架　b）后置刀架

如图 4-5 所示，数控车床的机床坐标系是以机床原点为坐标原点建立的 X、Z 轴二维坐标系。数控车床的机床原点 M 一般定义在主轴旋转轴线与卡盘后端面的交点上。数控车床的机床参考点 R 是刀架相对于机床原点沿 X、Z 轴正向退至极限的一个固定点。

数控车床的刀架参考点是指刀架上的某一位置点，所谓寻找机床参考点，就是使刀架参考点与机床参考点重合，从而使数控系统找到刀架参考点在机床坐标系中的位置，所有刀具长度补偿值均是刀尖（刀位点）相对刀架参考点的长度尺寸。

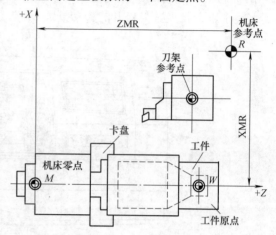

图 4-5 卧式数控车床的各参考点和坐标原点

2. 工件原点　数控加工要确定工件在机床中的位置，控制刀位点的运动轨迹，必须建立工件坐标系和机床坐标系。

工件坐标系也称为编程坐标系，当采用绝对值编程时，必须首先设定工件坐标系，该坐标系与机床坐标系是不重合的。工件坐标系是用于确定工件几何图形上各几何要素的位置而建立的坐标系，是编程人员在编制程序时使用的，是人为设定的。数控车床上的工件原点又称编程原点，一般设在主轴中心线与工件左端面或右端面的交点处。

编程尺寸与零件图中所标注的尺寸不一定完全相同，这与工件原点的选择有直接的关系。同一个零件，同样的加工，工件原点选择不同，编程尺寸的数据也不一样。

如图 4-6 所示，车削加工编程原点的确定一般原则如下：

1）编程原点应与零件的设计基准和工艺基准尽量重合，避免产生误差及不必要的尺寸换算。

2）容易找正、对刀，对刀误差小。

3）编程方便。

4）对称零件的编程原点应选在零件的对称中心。

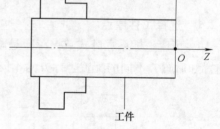

图 4-6 车削加工的编程原点

5）在毛坯上的编程原点应容易准确地确定，且加工余量均匀。

4.2.2 合理选择刀具

刀具尤其是刀片的选择是保证加工质量提高加工效率的重要环节，零件材质的切削性能、毛坯余量、工件的尺寸精度和表面粗糙度要求、机床的自动化程度等都是选择刀片的重要依据。从图 4-1 可见各种形状的车刀对应的车削功能。

数控车床刚性好、精度高，可一次装夹完成工件的粗加工、半精加工和精加工。为使粗加工能采用大背吃刀量、大进给量，要求粗车刀具强度高、寿命长。精车时重点保证加工精度及其稳定性，刀具应满足安装调整方便、刚性好、精度高、寿命长的要求。

此外，为了减少换刀时间和方便对刀，应尽可能采用机夹刀和机夹刀片，夹紧刀片的方式和刀片形状要选择得合理，刀片最好选用涂层硬质合金刀片。一般数控车床用得最普遍的是硬质合金刀具和高速钢刀具两种。

具体刀片材料与切削用量的选择可以参考切削用量手册。

常见机夹刀和刀片的夹紧方式如图4-7所示。

刀片形状与刀尖强度以及切削振动情况如图4-8所示。

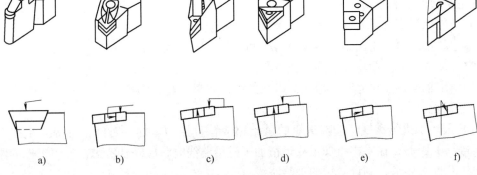

图4-7　常见机夹刀和刀片的夹紧方式

a）上压式　b）刚性夹紧式　c）螺钉夹紧和上压式　d）楔块夹紧式　e）杠杆式　f）螺钉夹紧式

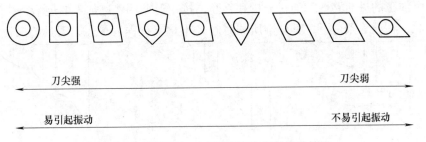

图4-8　刀片形状与刀尖强度以及切削振动情况

4.2.3　数控车床的定位及装夹

在数控车床上加工零件，应按工序集中的原则划分工序，在一次装夹下尽可能完成大部分甚至全部表面的加工。根据零件的结构形状不同，通常选择外圆、端面或端面、内孔装夹，并力求设计基准、工艺基准和编程基准统一。做到工件的装夹快速，定位准确可靠，充分发挥数控车床的加工效能，提高加工精度。

车床常用的定位及装夹装置如图4-9所示。

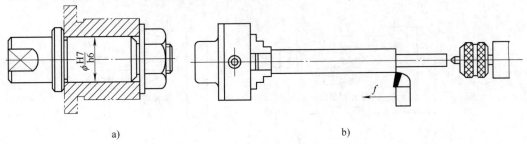

图4-9　车床常用的定位及装夹位置

a）工件在圆柱心轴上定位装夹　b）卡盘顶尖装夹

4.2.4 确定进给路线

进给路线是指刀具中心（严格说来是刀位点）从对刀点开始运动起，至程序加工结束所经过的路径，包括切削加工的进给路线和刀具切入、切出等非切削的空行程的快速进刀、退刀路径。设计好进给路线是编制合理的加工程序的前提条件之一。数控车削加工进给路线的设计主要遵循以下原则：

1）应能保证零件具有良好的加工精度和表面质量。

2）应尽量缩短加工路线，减少空刀时间以提高加工效率。

3）应使数值计算简单，程序段数量少。

4）确定轴向移动尺寸时，应考虑刀具的引入距离和超越距离。

1. 进给路线的选择

（1）最短的进给路线　选择最短的进给路线，直接缩短加工时间，可提高生产率，降低刀具磨损，因此，在安排粗加工或半精加工进给路线时，应综合考虑被加工工件的刚性和加工的工艺性等要求，制订最短的进给路线。

图 4-10 所示为三种粗车进给路线，其中图 4-10a 所示为利用复合循环指令沿零件轮廓加工的进给路线；图 4-10b 所示为按"三角形"轨迹加工的进给路线；图 4-10c 所示为利用矩形循环指令加工的进给路线。通过分析和判断，按矩形循环轨迹加工的进给路线的长度总和最短，因此，在同等条件下，其切削所需时间（不含空行程）最短，刀具的损耗最小。

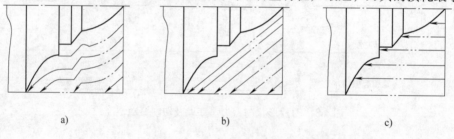

图 4-10　三种粗车进给路线
a）沿零件轮廓加工　b）"三角形"轨迹加工　c）矩形轨迹加工

（2）大余量毛坯的切削进给路线　图 4-11 所示为车削大余量毛坯的两种进给路线，其中图 4-11a 所示为直径由"小"到"大"的切削方法，在同样背吃刀量的条件下，所剩余

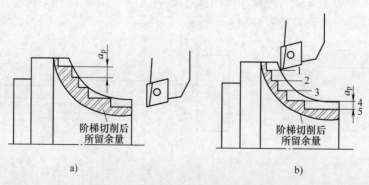

图 4-11　大余量毛坯的两种进给路线
a）直径由"小"到"大"切削　b）直径由"大"到"小"切削

量过大；而按图 4-11b 所示直径由"大"到"小"的切削方法，则可保证每次的车削所留余量基本相等，因此，该方法切削大余量毛坯较为合理。

（3）车螺纹时的进给路线和轴向进给距离　车螺纹时，刀具沿轴向的进给应与工件旋转保持严格的速比关系。考虑到刀具从停止状态加速到指定的进给速度或从指定的进给速度降至零时，驱动系统有一个过渡过程，因此，刀具沿轴向进给的加工路线长度，除保证螺纹加工的长度外，还应增加 δ_1（2 ~ 5mm）的刀具引入距离和 δ_2（1 ~ 2mm）的刀具切出距离，如图 4-12 所示，以便保证螺纹切削时，在升速完成后才使刀具接触工件，在刀具离开工件后再开始降速。

（4）循环切除余量　数控车削中应根据毛坯类型和工件形状确定切除余量的方法，以达到减少进给次数，提高加工效率的目的。

1）轴套类零件。轴套类零件安排进给的原则是先轴向进给、后径向进给，这样可以减少进给次数，如图 4-13 所示。

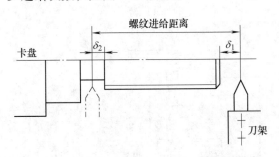

图 4-12　车螺纹时轴向进给距离

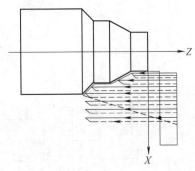

图 4-13　轴套类零件循环切除余量

2）盘类零件。盘类零件安排进给路线的原则是先径向进给、后轴向进给，与轴套类零件相反，如图 4-14 所示。

3）铸锻类零件。铸锻件毛坯形状与加工零件形状相似，留有较均匀的加工余量。循环去除余量的方式是刀具轨迹按工件轮廓线运动，逐渐逼近图样尺寸。这种方法实质上是采用轮廓仿形车削的方式，如图 4-15 所示。

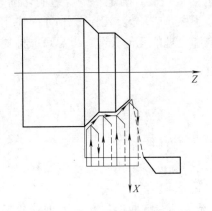

图 4-14　盘类零件循环切除余量

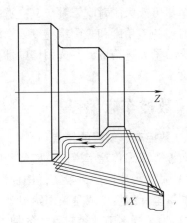

图 4-15　铸锻件毛坯零件循环切除余量

2. 退刀路径的确定　数控机床加工过程中，为了提高加工效率，刀具从起始点或换刀点运动到接近工件部位，以及加工完成后退回起始点或换刀点，是以快速运动方式完成的。

在快速运动中，首先应考虑运动过程的安全性，即在退刀过程中不能与工件发生碰撞；然后考虑缩短快速运动时间，使退刀路线最短。根据刀具加工零件部件的不同，退刀的路线确定方式也不同，数控车床加工中常见有3种退刀方式：

1）斜线退刀方式，适用于加工外圆表面的退刀。

2）先径向后轴向退刀方式，适用于切槽、镗孔等加工的退刀，这种退刀方式是刀具先径向垂直退刀，到达指定位置时再轴向退刀。

3）先轴向后径向退刀方式，适用于车端面等加工的退刀，先轴向后径向退刀方式的顺序与先径向后轴向退刀方式恰好相反。

图 4-16 为合理安排车槽时的退刀路线的一个实例。

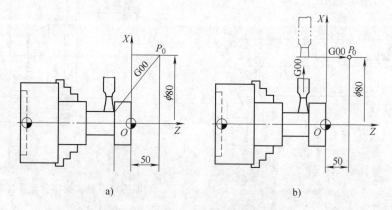

图 4-16　合理安排车槽时的退刀路线
a）沿斜线退刀易产生碰撞　b）先径向后轴向退刀方式避免碰撞

4.2.5　合理选择切削用量

切削用量的选择是否合理，对于能否充分发挥机床的潜力与刀具切削性能，实现优质、高产、低成本和安全操作具有很重要的作用。车削用量的选择原则是：粗车时，首先考虑选择一个尽可能大的背吃刀量，其次选择一个较大的进给量，最后确定一个合适的切削速度；精车时，加工精度和表面粗糙度要求较高，加工余量不大且较均匀，因此，精车时应用较小的背吃刀量和进给量，并选用切削性能好的刀具材料和合理的几何参数，以尽可能地提高切削速度。

4.3　数控车床编程

4.3.1　数控车床编程的特点

数控车床编程除了遵循一般编程的共性规律之外，还有以下特点：

1）一个程序段中，视工件图样上尺寸标注的情况，既可以采用绝对坐标编程，也可以采用增量坐标编程，或是采用绝对坐标与增量坐标的混合编程。

2）为了提高工件径向尺寸的加工精度，数控系统 X 轴的脉冲当量取为 Z 轴脉冲当量的 1/2，即直径方向上用绝对值编程时，X 坐标取直径值；用增量坐标编程时，以横向实际位移量的 2 倍值表示，并附以方向符号。

3）车削加工常用的毛坯多为圆棒料或铸锻件，加工余量较大，为了简化编程，数控系统中备有车外圆、车端面、车螺纹等不同形式的固定循环，可以实现多次重复循环切削。

4）全功能的数控车床都具备刀尖半径补偿功能，编程时可以将车刀刀尖看做一个点。而实际上，为了提高工件表面的加工质量和刀具寿命，车刀的刀尖均有圆角半径 R，为了得到正确的零件轮廓形状，编程时需要对刀尖半径进行补偿。

4.3.2 车床数控系统功能指令概述

对于具有不同数控系统的数控车床，功能代码的形式有所不同，但编程的基本方法及原理是相同的。

本章主要介绍 FANUC 0i 系列的数控车床功能指令。

1. 准备功能（G 功能） FANUC 0i 系统的常用准备功能 G 代码及功能见表 4-1。

表 4-1　准备功能 G 代码及功能

G 代码	组别	功能	G 代码	组别	功能
▲G00	01	快速定位	G65	00	宏程序调用
G01		直线插补	G66	12	宏程序模态调用
G02		顺时针圆弧插补	▲G67		宏程序模态调用取消
G03		逆时针圆弧插补	G70	00	精车循环
G04	00	暂停	G71		外圆/内孔粗车循环
G10		可编程数据输入	G72		端面粗车循环
G11		取消可编程数据输入方式	G73		固定形状粗车循环
▲G18	16	ZX 平面选择(默认状态)	G76		螺纹切削复合循环
G20	06	英制(in)	▲G80	10	钻孔固定循环取消
G21		米制(mm)	G83		端面钻孔循环
▲G22	09	存储行程检测功能有效	G84		端面攻螺纹循环
G23		存储行程检测功能无效	G86		端面镗孔循环
G27	00	返回参考点检查	G87		侧面钻孔循环
G28		返回参考点	G88		侧面攻螺纹循环
G30		返回第 2、3、4 参考点	G89		侧面镗孔循环
G32	01	螺纹切削	G90	01	外径/内径车削固定循环
▲G40	07	取消刀尖半径补偿	G92		螺纹切削固定循环
G41		刀尖半径左补偿	G94		端面车削固定循环
G42		刀尖半径右补偿	G96	02	恒线速控制设置
G50	00	设定工件坐标系或设定主轴最高转速	▲G97		恒线速控制设置取消
G53		机床坐标系选择	G98	05	每分钟进给
▲G54	14	第一工件坐标系设置	▲G99		每转进给
G55 ~ G59		第二至第六工件坐标系设置			

注：1. 由 ▲ 标记的 G 代码是在电源接通时或按下复位键时就立即生效的代码。

　　2. 00 组的代码为非模态，其他各组的代码均为模态。但在一个程序段中，如果指定了 2 个或 2 个以上属于同组的 G 代码时，则只有最后一个被指定的 G 代码有效。

本系统可以采用脉冲数编程和小数点编程。使用小数点编程时，长度单位为 mm；角度单位为度（°），时间单位为 s；使用脉冲数编程时，长度单位为 μm，时间单位为 ms。

采用绝对坐标编程时，尺寸字的地址用 X、Z 表示；采用增量坐标编程时，尺寸字的地址用 U、W 表示。在实际编程中，为了避免坐标尺寸换算造成编程的错误，工件的径向尺寸宜采用绝对坐标编程，轴向尺寸可以根据工件图样上尺寸标注的具体情况，采用绝对坐标编程或增量坐标编程。

2. 辅助功能（M 功能）　FANUC 0i 系统的常用辅助功能 M 代码及功能见表 4-2。

表 4-2　辅助功能 M 代码及功能

M 代码	功　　能	M 代码	功　　能
M00	程序停止	M08	切削液开
M01	计划停止	M09	切削液关
M02	程序结束（含有 M09 和 M05 的功能）	M30	程序结束并返回（含有 M09 和 M05 的功能）
M03	主轴顺时针转/旋转刀具顺时针转	M98	调用子程序
M04	主轴逆时针转/旋转刀具逆时针转	M99	子程序结束
M05	主轴停止/旋转刀具停止		

注：辅助功能由地址 M 和两位数字组成，又称为 M 功能。在每个程序段内只允许指定一个 M 代码。

3. 主轴转速功能（S 功能）　主轴功能指令是设定主轴转速或速度的指令，用字母 S 和其后面的数字表示。在 G96 状态下，表示控制主轴转速 S 使切削点的线速度始终保持规定的值，例如："G96　S120;"表示切削点的线速度始终保持在 120m/min；在 G97 状态下，表示主轴转速值，例如："G97　S800;"表示主轴转速为 800r/min。

在图 4-17 所示的工件加工中，运用 G96 指令，控制 A、B、C 各点的线速度均为 150m/min，则各点加工时的主轴转速分别为：

$$A: n = [1000 \times 150 / (\pi \times 40)] \text{r/min} \approx 1193 \text{r/min}$$
$$B: n = [1000 \times 150 / (\pi \times 60)] \text{r/min} \approx 795 \text{r/min}$$
$$C: n = [1000 \times 150 / (\pi \times 70)] \text{r/min} \approx 682 \text{r/min}$$

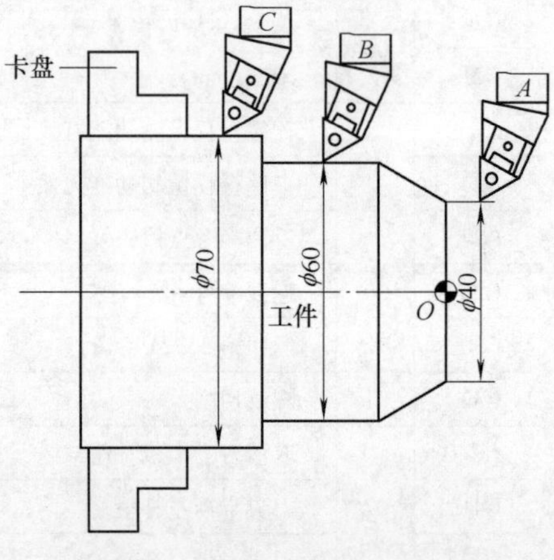

4. 进给速度功能（F 功能）　在数控车削中有两种指令进给速度的模式，G99 为每转进给模式，即用 mm/r 作为进给速度的单位，例如："G99　G01　X50 Z47.5　F0.2;"表示切削进给量为 0.2mm/r；G98 为每分钟进给模式，即用 mm/min 作为进给速度的单位，例如："G98　G01　X50　Z47.5　F50;"表示切削进给量为 50mm/min。

CNC 系统默认状态为每转进给模式（G99），在数控车削加工中一般采用每转进给模式，只有在用动力刀具铣削时才采用每分钟进给模式。

图 4-17　恒线速度切削方式

设置不同的车削进给速度模式后对应的运动情况如图 4-18 所示。

利用 F 功能编程时，应注意以下几点：

1）当编写程序时，第一次使用直线插补（G01）或圆弧插补（G02/G03）指令时，必须编写进给率 F，如果没有编写 F 功能，CNC 系统采用 F0 的速度，即静止不动。当工作在快速定位（G00）方式时，机床将以通过机床进给参数设定的快速进给率移动，与编写的 F

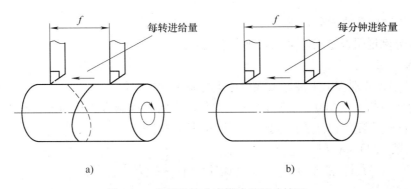

图 4-18　车削进给速度模式的运动情况

a）每转进给模式　b）每分钟进给模式

指令无关。

2）F 功能为模态指令。实际进给率可以通过 CNC 操作面板上的进给倍率旋钮在 0 ～ 120% 之间调整。

5. 刀具功能（T 功能）　刀具功能称为 T 功能，它是进行刀具选择和刀具补偿的功能，其指令格式为：

刀具补偿存储器号也称刀补号，从 01 组开始，00 组表示取消刀补。通常以同一编号指定刀具号和刀补号，以减少编程错误。

4.3.3　常用编程指令

1. 工件坐标系的设定指令　设定工件坐标系有两种方法：一种是以 G50 的方式，另一种是以 G54 ～ G59 的方式。用 G50 设定工件坐标系是数控车削常用的方法。G50 是一个非运动指令，只起预置寄存数据的作用，一般放在零件加工程序的第一个程序段位置上，其指令格式为：

G50　X ___　Z ___；

其中，X、Z 分别表示刀尖的起始点距工件原点在 X 向和 Z 向的坐标值。刀具的起始点又称为起刀点，在加工零件之前，必须通过对刀操作将刀尖调整到起刀点的位置上，由此来确定工件坐标系在机床坐标系中的位置。

如图 4-19 所示，假设刀具出发起始点距工件原点在 X 向和 Z 向的坐标值分别为 128.7（直径值）和 375.1，则该程序段为：

G50　X128.7　Z375.1；

执行该程序段后，系统内部对（X128.7，Z375.1）进行记忆，并显示在显

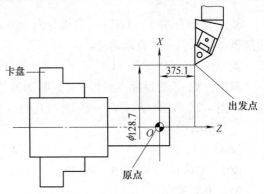

图 4-19　坐标系设定指令 G50

示屏上，工件坐标系的设定完成。

以 G54 为例说明设定工件坐标系指令格式为：

G54 X __ Z __;

其中，X、Z 分别表示工件原点在机床坐标系中的坐标值。

2. 快速定位指令（G00） 该指令命令刀具以点定位控制方式从当前所在点快速运动到指令给出的目标位置。它只是快速定位，无切削加工过程。

指令格式：G00 X（U）__ Z（W）__;

其中，X、Z 为目标点坐标；U、W 为增量坐标编程方式。

需要注意的是：

1）移动速度不能用程序指令设定，由厂家预调。

2）G00 的执行过程：刀具由程序起始点加速到最大速度，然后快速移动，最后减速到终点，实现快速点定位，提高数控机床的定位精度。

3）刀具的实际运动路线不一定是直线，有可能是折线。使用时注意刀具是否和工件发生干涉。

如图 4-20 所示，刀具从当前位置快速运动到指令位置，则该程序段为：

绝对值编程：G00 X50.0 Z6.0;

增量值编程：G00 U – 70.0 W – 84.0;

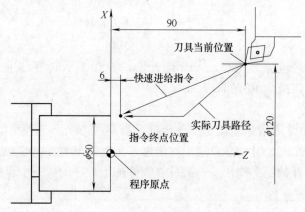

图 4-20 快速定位指令 G00 的应用

3. 直线插补指令（G01） 该指令命令刀具在两坐标点间以插补联动方式按指令的 F 进给速度作任意斜率的直线运动。

指令格式：G01 X（U）__ Z（W）__ F __;

其中，X、Z 为目标点坐标；U、W 为增量值编程方式；F 为切削进给速度。

如图 4-21 所示，P_0—P_1—P_2 为刀具的运动轨迹，具体程序如下：

绝对值编程：

G00 X30.0 Z0;   刀尖从起刀点 P_0 快速运动到 P_1 点

G01 X50.0 Z – 45.0 F0.15; P_1—P_2 直线插补，切削圆锥面，进给速度 0.15mm/r

增量坐标编程：

G00 U – 50.0 W – 60.0;

G01　U20.0　W－45.0　F0.15；

4. 圆弧插补指令（G02、G03）　该指令命令刀具在指定的坐标平面内，按指定的 F 进给速度进行圆弧插补运动，切削出圆弧轮廓。

G02 为顺时针圆弧插补指令，G03 为逆时针圆弧插补指令。

指令格式：G02/G03　X（U）＿ Z（W）＿ I＿ K＿ F＿；

　　　　或　G02/G03　X（U）＿ Z（W）＿ R＿ F＿；

其中，X、Z 为圆弧终点坐标；U、W 为圆弧终点相对于圆弧起点的增量值；I、K 为圆弧中心在 X、Z 轴方向上相对于圆弧起点的坐标增量值，有正负号，当 I、K 为零时可以省略。

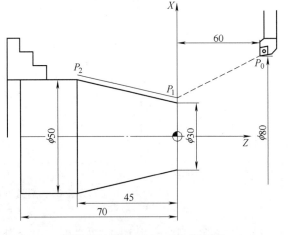

图 4-21　指令 G00、G01 的应用

1）顺时针圆弧与逆时针圆弧的判别方法。刀具在加工零件时，按顺时针路径作圆弧插补运动用 G02 指令，按逆时针路径作圆弧插补运动用 G03 指令。数控车床是两坐标的机床，只有 X 轴和 Z 轴，因此，按右手定则的方法将 Y 轴考虑进去，然后观察者从 Y 轴的正方向向 Y 轴的负方向看去，即可正确判断出圆弧的顺逆，如图 4-22 所示。

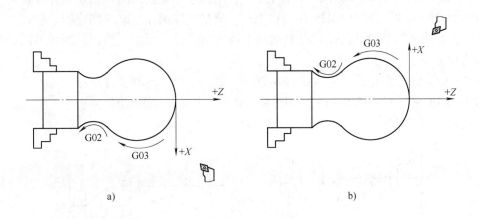

图 4-22　顺圆与逆圆的判别

a）前置刀架　b）后置刀架

2）用圆弧半径 R 编程。除了可以用 I、K 表示圆弧圆心的位置外，还可以用圆弧半径表示圆心的位置。对于同一半径 R，在圆弧的起点和终点之间有可能形成两个圆弧，为此规定圆心角 $\alpha < 180°$ 时，R 取正值；$\alpha > 180°$ 时，R 取负值；α 恰好是 $180°$ 时，R 取正负值均可。

如图 4-23 所示，圆弧 1，半径取正值；圆弧 2，半径取负值。

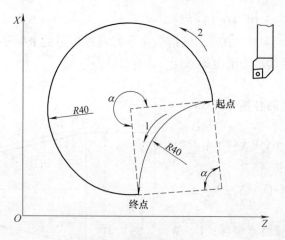

图 4-23　圆弧半径 R 判别

3）程序段中同时给出 I、K 和 R 时，以 R 值优先，I、K 无效。

4）当走整圆时，不能用圆弧半径 R 编程。

图 4-24a 所示为切削由点 A 到点 B 的顺时针方向圆弧，其编程指令可以有如下 4 种形式：

G02　X50.0　Z40.0　I25.0　F0.3；　　　绝对坐标编程，用 I、K 指定圆心位置

G02　U20.0　W－20.0　I25.0　F0.3；　　增量坐标编程，用 I、K 指定圆心位置

G02　X50.0　Z40.0　R25.0　F0.3；　　　绝对坐标编程，用 R 指定圆心位置

G02　U20.0　W－20.0　R25.0　F0.3；　　增量坐标编程，用 R 指定圆心位置

图 4-24b 所示为切削由点 C 到点 D 的逆时针方向圆弧，图中只给出了圆弧的圆心坐标，其编程方法如下：

G03　X43.99　Z45.0　I－15.0　K－20.0　F0.3；　　绝对坐标编程

G03　U18.99　W－15.0　I－15.0　K－20.0　F0.3；　增量坐标编程

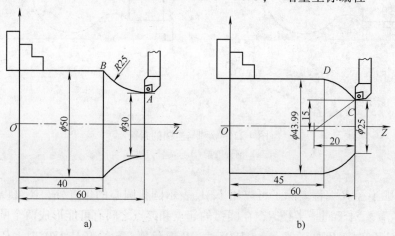

图 4-24　圆弧插补指令编程举例

a）顺时针圆弧　b）逆时针圆弧

5. 暂停指令（G04） 该指令为非模态指令，在进行锪孔、车槽、车台阶轴清根等加工时，常要求刀具在很短时间内实现无进给光整加工，此时可以用 G04 指令实现暂停，暂停结束后，继续执行下一段程序。

指令格式：G04　P＿；

或 G04　X＿；

其中，X、P 为暂停时间，P 后面的数值为整数，单位为 ms；X 后面为带小数点的数，单位为 s。

如图 4-25 所示，加工时要使钻头在槽底停留 1.5s 的时间，则程序段为：

G04　X1.5；或 G04　P1500；

6. 自动返回参考点指令（G27、G28、G30） G28 和 G30 指令是在加工程序中需要返回参考点进行自动换刀时使用的指令。

1）G27 为返回参考点检测指令，该指令用于检查 X 轴与 Z 轴是否正确返回参考点。但执行 G27 指令的前提是机床在通电后必须返回过一次参考点。如果定位结束后检测到开关信号发令正确，参考点的指示灯亮，说明滑板正确回到了参考点的位置；如果检测到的信号不正确，系统报警。该指令执行之后，如果欲使机床停止，需加入 M00 指令。否则机床将继续执行下一个程序段。

指令格式：G27　X（U）＿ Z（W）＿；

其中，X、Z 为参考点在工件坐标系中的坐标；U、W 为参考点在工件坐标系中的相对坐标。

2）G28 指令可使刀具经过中间点以快速运动的方式自动返回参考点，又称作返回第一参考点，如图 4-26 所示。

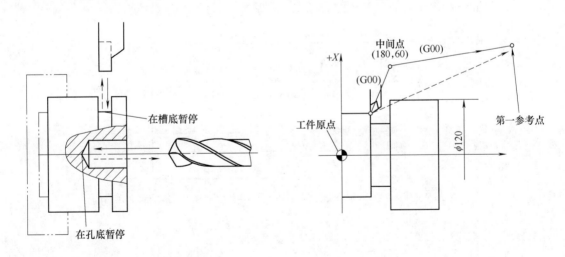

图 4-25　G04 暂停指令的应用　　　　图 4-26　返回参考点

指令格式：G28　X（U）＿ Z（W）＿；

其中，X、Z 为中间点的绝对坐标；U、W 为中间点的相对坐标。

3）G30 指令可使被指令的轴经过中间点以快速运动的方式自动返回第二参考点。第二参考点的位置可以由系统的参数设置功能设定。

指令格式：G30　X（U）＿Z（W）＿；

其中，X（U）、Z（W）的含义与 G28 指令相同。

在执行 G27、G28、G30 指令之前，注意应先取消各刀具的刀补。

7. 刀具补偿功能　全功能的数控车床基本上都具有刀具补偿功能。数控车床的刀具补偿又分为刀具位置补偿和刀尖圆弧半径补偿。刀具功能指令（T××××）中后两位数字所表示的刀具补偿号从 01 开始，00 表示取消刀补，编程时一般习惯于设定刀具号和刀具补偿号相同。

（1）刀具位置补偿　刀具位置补偿包括刀具几何尺寸补偿和刀具磨损补偿。前者用于补偿刀具形状或刀具附件位置上的偏差，后者用于补偿刀尖的磨损。

在数控车床上加工一个零件，往往需要使用不同尺寸的若干把刀具，编程时，一般将其中的一把刀具作为基准刀具，以该刀具的刀尖位置设定工件坐标系。其他刀具转到加工位置时，其刀尖位置与基准刀具的刀尖存在偏差，如图 4-27 所示。利用刀具位置补偿功能可以对此偏差进行补偿。设 01 号刀为基准刀具，通过试切或其他测量方法测出 01 号刀具在加工位置与基准刀具的偏差值分别为：$\Delta X = 9.0\text{mm}$、$\Delta Z = 12.5\text{mm}$。在 MDI 操作模式下，通过功能键进入刀具补偿设置画面，将 ΔX、ΔZ 值输入到 02 号刀的刀补存储器中，如图 4-28 所示。当程序执行

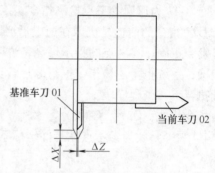

图 4-27　刀具几何补偿

了刀具补偿功能后，02 号刀具刀尖的实际位置与基准刀具的刀尖位置重合。

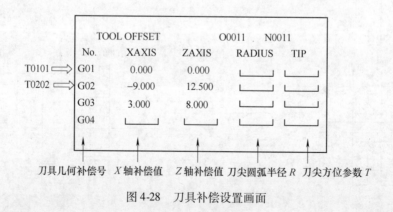

图 4-28　刀具补偿设置画面

使用刀具位置补偿时，应注意以下几点：

1）刀具位置补偿一般是在换刀指令后，刀尖由换刀点快速趋近工件的程序段中执行。

2）取消刀具位置补偿是在加工完该刀具的工序内容之后，在返回换刀点的程序段中执行。

如图 4-29 所示，补偿号 01 寄存器中存有 X 轴补偿量 ΔX，Z 轴补偿量 ΔZ，刀具的移动路线为：

G00　U – 20.0　W – 30.0　T0100；　　　　　*A*→*B*（无补偿）

G00　U – 20.0　W – 30.0　T0101；　　　　　*A*→*C*（有补偿）

（2）刀尖半径补偿　数控车床编程时可以将车刀刀尖看做一个点，按照工件的实际轮廓编制加工程序。但实际上，为保证刀尖有足够的强度和提高刀具寿命，车刀的刀尖均为半径不大的圆弧。一般粗加工所使用车刀的圆弧半径 *R* 为 0.8mm；精加工所使用车刀的圆弧半径 *R* 为 0.2 ~ 0.4mm。如图 4-30 所示，编程时以假想刀尖点 *A* 来编程，数控系统控制 *A* 点的运动轨迹。而切削时，实际起作用的切削刃是刀尖圆弧的各切点。切削工件右端面时，车刀圆弧的切点 *B* 与假想刀尖点 *A* 的 *Z* 坐标值相同；车削外圆柱面时，车刀圆弧的切点 *C* 与 *A* 点的 *X* 坐标值相同，因此切削出的工件轮廓没有形状误差和尺寸误差。

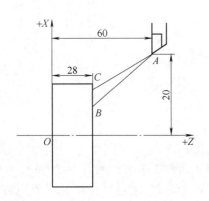

图 4-29　刀具位置补偿的应用

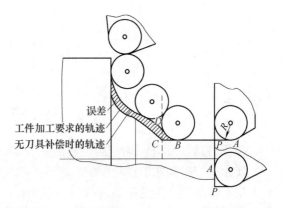

图 4-30　刀具圆弧半径对工件加工精度的影响

当切削圆锥面和圆弧面时，刀具运动过程中与工件接触的各切点轨迹为图 4-30 中所示无刀具补偿时的轨迹。该轨迹与工件的编程轨迹之间存在着切削误差（图中阴影部分），直接影响工件的加工精度，而且刀尖圆弧半径越大，切削误差则越大。可见，对刀尖圆弧半径进行补偿是十分必要的。当程序中采用刀尖半径补偿时，切削出的工件轮廓与编程轨迹是一致的。

对于采用刀尖半径补偿的加工程序，在工件加工之前，要把刀尖半径补偿的有关数据输入到刀补存储器中，以便执行加工程序时，数控系统对刀尖圆弧半径所引起的误差自动进行补偿。

1）根据车刀的形状确定位置参数。数控车削使用的刀具有很多种，不同类型的车刀其刀尖圆弧所处的位置不同，如图 4-31 所示，将车刀的形状和位置用刀尖方位参数 T 来表示。*A* 点为假想的刀尖点，刀尖方位参数共有 8 个（1 ~ 8），当使用刀尖圆弧中心编程时，可以选用 0 或 9。

2）刀尖半径补偿参数的输入。在如图 4-28 所示的刀具补偿设置画面中 R 为刀尖圆弧半径，T 为刀尖方位参数，将与刀补号相对应 R、T 输入到刀具补偿存储器中，加工中系统会自动进行刀尖半径的补偿。

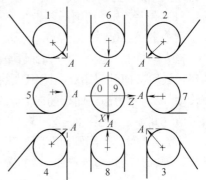

图 4-31　车刀的形状和位置与
刀尖方位参数的关系

3）刀尖半径补偿指令（G40、G41、G42）。G40 指令表示取消刀尖半径的补偿；G41 指令表示刀尖半径左补偿，如图 4-32a 所示，刀尖沿 *ABCD* 方向运动，刀具在工件的左侧；G42 指令表示刀尖半径右补偿，如图 4-32b 所示，刀尖沿 *EFGHI* 方向运动，刀具在工件的右侧。

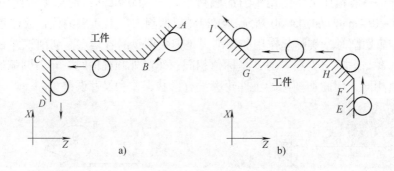

图 4-32　刀尖半径补偿方向（后置刀架）
a）刀尖半径左补偿　b）刀尖半径右补偿

使用刀具补偿功能编制加工程序时应注意以下几点：

①由于刀尖圆弧半径的存在，切削工件右端面或是切断工件时，无需指令 G41、G42 进行刀尖半径补偿，但是 X 轴进给的终点坐标应为 −2R，即刀尖越过工件中心线的距离恰好是刀尖圆弧半径，这样才能保证被加工面的质量。

②建立刀具补偿功能时，只能用 G00/G01 指令，不能用 G02/G03 指令，必须在刀具移动过程中才能建立刀具半径补偿功能。

4.3.4　固定循环功能指令

数控车床上被加工工件的毛坯常用棒料或铸、锻件，因此加工余量大，一般需要多次重复循环加工，才能去除全部余量。为了简化编程，数控系统提供不同形式的固定循环功能，以缩短程序段的长度，减少程序所占内存。固定循环一般分为单一形状固定循环和复合形状固定循环。

1. 单一固定循环指令

（1）外径/内径切削循环指令 G90

指令格式：G90　X（U）＿Z（W）＿R＿F＿；

当 R＝0 时，为圆柱面车削循环，进给过程如图 4-33 所示，刀尖从起始点 A 开始按矩形循环，最后又回到起始点。图中虚线表示刀具快速移动路线，实线表示按 F 指令的进给速度移动。X、Z 为圆柱面切削终点的坐标值，U、W 为圆柱面切削终点相对于循环起点 A 的增量值。其加工顺序按 1、2、3、4 进行。

当 R≠0 时，为圆锥面车削循环，进给过程如图 4-34 所示，刀尖从起始点 A 开始按梯形循环，最后又回到起始点 A。R 为圆锥面切削起点半径与切削终点半径的差值，有正、负之分。

G90 为模态代码，使用 G90 循环指令进行粗车加工时，每次车削一层余量，当需要多次进给时，只需按背吃刀量依次改变 X 的坐标值，则循环过程将依次重复执行。

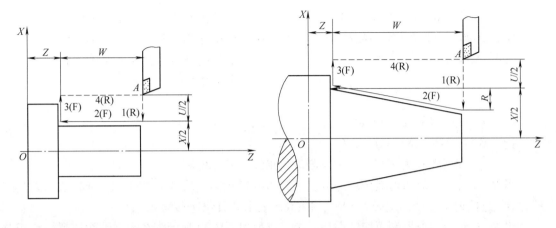

图 4-33　圆柱面车削循环　　　　　　　　　　图 4-34　圆锥面车削循环

例 4-1　如图 4-35 所示的零件，使用 G90 固定循环指令编写粗车程序，每次进刀的背吃刀量为 2.5mm，并保留 0.2mm 的精车余量。粗车程序如下：

……

N02　G00　X55.0　Z2.0　T0101；　刀具快速移动到循环的起始点 *A*

N04　G90　X45.0　Z−24.8　F0.3；粗车循环第 1 次进给，背吃刀量 2.5mm

　　或 G90　U−10.0　W−26.8　F0.3；端面留精车余量 0.2mm

N24　X40.0（U−15.0）；　　　　　第 2 次进给，背吃刀量 2.5mm，其余参数不变

N26　X35.4（U−19.6）；　　　　　第 3 次进给，背吃刀量 2.3mm，留精车余量 0.4mm

……

例 4-2　如图 4-36 所示的零件，圆锥面小端直径 ϕ40mm，大端直径 ϕ50mm，使用 G90 固定循环指令编写粗车圆锥面程序，每次进给的背吃刀量为 5mm，并保留 0.3mm 的精车余量。粗车程序如下：

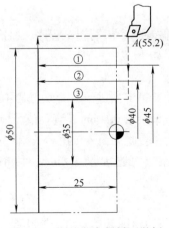

图 4-35　圆柱面车削循环举例

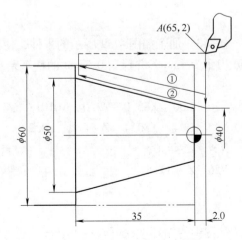

图 4-36　圆锥面车削循环举例

......

N20　G00　X65.0　Z2.0　T0101；　　　　　　刀具快速移动到循环的起始点 *A*

N22　G90　X60.0　Z－34.7　R－5.24　F0.3；粗车循环第 1 次进给，背吃刀量 5mm

N24　X50.6；　　　　　　　　　　　　第 2 次进给，背吃刀量 4.7mm，留精车
余量 0.6mm

......

（2）端面切削循环指令 G94

指令格式：G94　X（U）__ Z（W）__ R __ F __；

X（U）、Z（W）为车削循环中车削进给路线的终点坐标。

当 *R*＝0 时，为端面切削循环进给过程如图 4-37 所示，实线 2（F）、3（F）表示刀具按 F 指定的进给速度移动，虚线 1（R）、4（R）表示刀具快速移动。

当 *R*≠0 时，为锥形端面切削循环，走刀过程如图 4-38 所示。*R* 为圆锥面切削始点相对终点在 *Z* 轴方向的坐标增量，有正、负之分。

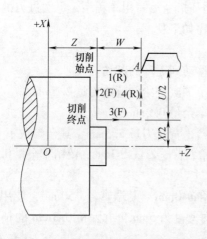

图 4-37　端面切削循环

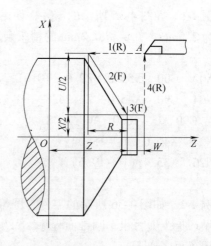

图 4-38　锥形端面切削循环

例 4-3　加工如图 4-39 所示的零件，使用 G94 固定循环指令编写粗车程序，每次进给的背吃刀量为 4mm，并保留 0.2mm 的精车余量。粗车程序如下：

......

N20　G00　X85.0　Z2.0　T0101；　　　粗车端面循环第 1 次进给，背吃刀量 4mm

N22　G94　X30.4　Z－4.0　F0.2；　　外圆面留精车余量 0.4mm（直径值）

N24　Z－8.0；　　　　　　　　　　　第 2 次进给，背吃刀量 4mm

N26　Z－11.8；　　　　　　　　　　　第 3 次进给，背吃刀量 3.8mm，留精车余量
0.2mm

......

从图中的循环过程可以看出，该编程方法使每次循环均返回起始点 *A*，外圆部分被重复切削，为提高加工效率，可以将每次循环的起始点沿 *Z* 轴负方向移动，程序如下：

……

N20	G00	X85.0	Z2.0	T0101;	
N22	G94	X30.4	Z−4.0	F0.2;	粗车端面循环第1次进给，背吃刀量4mm
N24	G00	Z−2.0;			刀具沿Z轴快速移动到第2次循环的起始点
N26	G94	X30.4	Z−8.0;		第2次进给，背吃刀量4mm
N28	G00	Z−6.0;			刀具沿Z轴快速移动到第3次循环的起始点
N26	G94	X30.4	Z−11.8;		第3次进给，背吃刀量3.8mm，留精车余量 0.2mm

……

例4-4 图4-40所示的零件为锥形端面，使用G94固定循环指令编写粗车程序，每次进给的背吃刀量为4mm，并保留0.2mm的精车余量。

粗车程序如下：

……

N02	G00	X55.0	Z2.0	T0101;	
N04	G94	X20.4	Z0	R−5.0 F0.2;	粗车锥形端面循环第1次进给，背吃刀量5mm，外圆面留精车余量0.2mm
N06	Z−5.0;				第2次进给，背吃刀量5mm
N08	Z−9.8;				第3次进给，背吃刀量4.8mm，留精车余量0.2mm

……

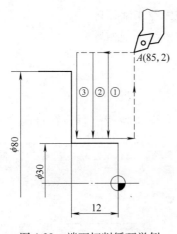

图4-39　端面切削循环举例

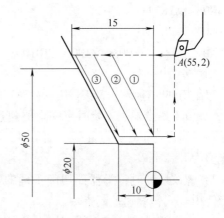

图4-40　锥形端面切削循环举例

（3）螺纹切削循环

指令格式：G92　X（U）__ Z（W）__ R__ F__;

当 $R=0$ 时，为圆柱螺纹加工指令，如图4-41b所示，刀尖从起始点 A 开始，执行如图所示矩形循环，F 为工件螺纹导程。

当 $R\neq0$ 时，为圆锥螺纹加工指令，如图4-41a所示，刀尖从起始点 A 开始，执行如图所示梯形循环，R 为圆锥体切削始点与切削终点的半径差值，有正负之分，其用法同G90。

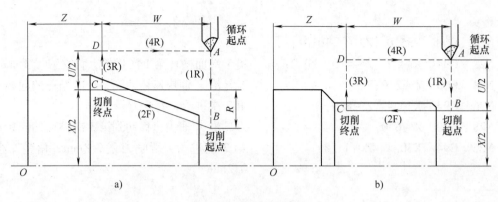

图 4-41　螺纹切削循环

例 4-5　加工图 4-42 所示的圆柱螺纹，螺距为 1.5mm，牙深 0.977mm，经查表，可分 4 次进给，对应的背吃刀量（直径值）依次为：0.8mm、0.6mm、0.4mm、0.16mm。加工程序如下：

```
O0001
N01  G50  X100.  Z100.  T0101；
N02  S200  M03；
N03  G00  X40.0  Z2.0；              快进到螺纹切削始点（40.0，2.0）
N04  G92  X29.2  Z-51.0  F1.5；      第一次螺纹车削循环
N05  X28.6；                         第二次螺纹车削循环
N06  X28.2；                         第三次螺纹车削循环
N07  X28.04；                        第四次螺纹车削循环
N09  G00  X100.  Z100.  T0100；
N10  M30；
```

螺纹切削时需要注意以下几点：

1）由于螺纹加工起始时有一个加速过程，结束前有一个减速过程，在这两个过程中，螺距不可能保持恒定，因此螺纹加工时，两端必须设置足够的加速进给段和减速退刀段。一般取值为 1~2mm。

2）螺纹切削时，为保证切削正确的螺距，不能使用 G96 恒线速控制指令。

3）由于螺纹车刀是成形刀具，所以切削刃与工件接触线较长，切削力也较大。为避免切削力过大造成刀具损坏或在切削中引起振动，通常在切削螺纹时需要多次进给才能完成。切削常用螺纹的进给次数与背吃刀量可以根据螺距和牙深通过查表得到。

2. 复合固定循环指令　使用 G71、G72、G73、G70 复合固定循环指令编程时，只要给出最终精加工路径、循环次数、每次加工余量

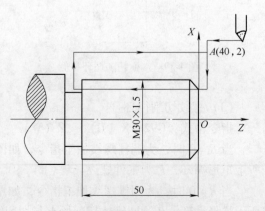

图 4-42　圆柱螺纹切削循环实例

等参数，机床就可以自动决定粗加工时的刀具路径，从而完成从粗加工到精加工的全过程。

（1）外圆/内孔粗车循环指令 G71　G71 指令适用于棒料毛坯粗车外圆或粗车内轮廓，切除的毛坯余量较大。当给出如图 4-43 所示的精加工形状的路线 $A→A'→B$ 及每次背吃刀量，就会进行平行于 Z 轴的多次切削，最后再按预留的径向精车余量 $\Delta U/2$、轴向精车余量 ΔW，使用 G70 指令进行精加工。

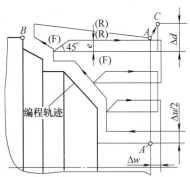

图 4-43 中 A 为粗加工循环的起点，e 为每次切削循环的退刀量。

指令格式：

G71　U(Δd)　R(e)；

G71　P(n_s)　Q(n_f)　U $\pm$ (Δu)　W $\pm$ (Δw)　F __ S __；

图 4-43　G71 外圆粗车循环

其中，Δd 为粗加工每次背吃刀量（半径值），无符号，车削方向沿 AA' 的方向；e 为退刀量，该参数为模态值，直到指定另一个值前保持不变；n_s 为精车程序第一个程序段的顺序号；n_f 为精车程序最后一个程序段的顺序号；Δu 为 X 方向预留精车余量（直径值）；Δw 为 Z 方向预留精车余量。

注意：1）粗车循环过程中，只有在 G71 指令中指定的 F、S 功能有效。而 $n_s \sim n_f$ 之间程序段中的 F、S 功能只有在精加工循环中才有效。

2）在粗车削循环过程中，刀尖圆弧半径补偿功能无效。

3）当上述程序指的是工件内轮廓时，G71 就自动成为内径粗车循环，此时径向精车余量 Δu 应指定为负值。

4）精车程序第一个程序段中只允许 X 轴移动。

（2）精车循环指令 G70　使用 G71、G72、G73 指令完成零件的粗车加工之后，可以用 G70 指令进行精加工，切除粗车循环中留下的余量。

指令的格式：G70　P(n_s)　Q(n_f)；

其中，n_s 为精车程序第一个程序段的顺序号；n_f 为精车程序最后一个程序段的顺序号。G70 指令在程序中不能单独出现，要分别与 G71、G72、G73 配合使用，其编程格式为：

……

N __ G71　P(n_s)　Q(n_f)……；　　G71、G72 或 G73 粗车循环指令

N(n_s)……；　　　　　　　　　　为粗车循环定义的精加工路径的第一个程序段

……

N(n_f)……；　　　　　　　　　　为粗车循环定义的精加工路径的最后一个程序段

G70　P(n_s)　Q(n_f)；　　　　　精车循环指令

……

例 4-6　图 4-44 所示为使用 G71 循环指令粗车外圆的实例，毛坯为 $\phi45mm$ 的棒料。选定粗车的背吃刀量为 2mm，预留精车余量 X 方向 0.5mm，Z 方向 0.25mm，粗车进给速度 0.3mm/r，主轴转速为 850r/min，精车进给速度 0.15mm/r，主轴转速为 1000r/min。加工程序如下：

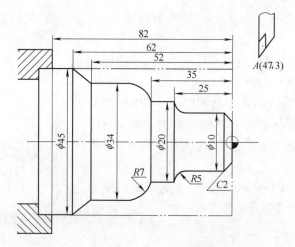

图 4-44　G71、G70 指令应用举例

O0008	程序号 O0008
N10　G50　X100.0　Z100.0;	设定工件坐标系
N12　T0101　M03　S850;	调 01 号粗车刀
N14　G00　X47.0　Z3.0　M08;	刀具快速移动到粗车循环起始点
N16　G71　U2.0　R1.5;	粗车循环,背吃刀量 2mm
N18　G71　P20　Q36　U0.5　W0.25　F0.3;	精车余量 X 方向 0.5mm, Z 向 0.25mm
N20　G01　X0　F0.15　S1000;	精车起始点在倒角的延长线上
N22　G01　X10.0　Z-2.0;	程序段 N20 到 N36 定义工件精切削路线
N24　Z-20.0;	
N26　G02　X20.0　Z-25.0　R5.0;	
N28　G01　Z-35.0;	
N30　G03　X34.0　W-7.0　R7.0;	
N32　G01　Z-52.0;	
N34　X45.0　Z-62.0;	
N36　X50.0;	
N38　G00　X100.0　Z100.0　T0100;	返回换刀点
N40　T0303;	调 03 号精车刀
N42　G00　X47.0　Z3.0;	刀具快速移动到精车循环起始点
N44　G70　P20　Q36;	粗车后的精车循环
N46　G00　X100.0　Z100.0　T0300　M05;	
N48　M09;	
N50　M30;	

(3) 端面粗车循环指令 G72　G72 与 G71 指令加工方式相同,只是车削循环是沿着平行于 X 轴进行的。图 4-45 所示为 G72 指令执行过程。

指令格式:

G72　W(Δd)　R(e);

G72　P(n_s)　Q(n_f)　U$\pm(\Delta u)$　W$\pm(\Delta w)$　F___S___;

其中，各参数的含义与 G71 指令中的相同。

注意：1）与 G71 不同的是在精加工第一个程序段中，只允许 Z 轴移动。

2）每次背吃刀量 Δd 可按工艺要求设定，当实际总背吃刀量不是每次背吃刀量的整数倍时，系统自动调整粗加工循环的最后一刀背吃刀量，以确保精加工余量。

例 4-7 图 4-46 所示为使用 G72 循环指令粗车端面的实例，其毛坯为 $\phi160mm$ 的棒料（45 钢）。选定粗车的背吃刀量为 2mm，预留精车余量 X 方向 0.5mm，Z 方向 0.25mm，粗车进给速度 0.3mm/r，主轴转速为 550r/min，精车进给速度 0.15mm/r，主轴转速为 800r/min。加工程序如下：

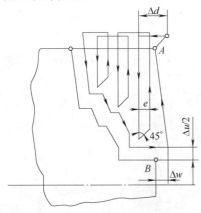

图 4-45　G72 端面粗车循环

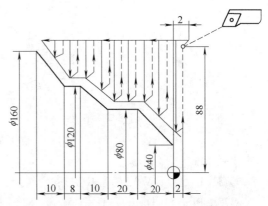

图 4-46　G72 端面粗车循环加工举例

O0009	程序号 O0009
N10　G50　X220.0　Z100.0；	设定工件坐标系
N12　T0101　M03　S550；	调 01 号粗车刀
N14　G00　X168.0　Z2.0　M08；	刀具快速走到 G72 循环起始点
N16　G72　W2.0　R1.0；	粗车循环，背吃刀量 2mm
N18　G72　P20　Q30　U0.5　W0.25　F0.3；	精车余量 X 向 0.5mm，Z 向 0.25mm
N20　G00　Z - 70.0　S800；	刀具移动刀精车起始点
N22　G01　X120.0　Z - 58.0　F0.15；	程序段 N20 ~ N30 定义工件精切削路线
N24　W8.0；	
N26　X80.0　W10.0；	
N28　W20.0；	
N30　X36.0　Z2.0；	
N32　G00　X220.0　Z100.0　T0100；	返回换刀点，取消刀补
N34　T0303；	调 03 号精车刀
N36　G00　X168.0　Z2.0；	
N38　G70　P20　Q30；	粗车后的精车循环
N40　G00　X220.0　Z100.0　T0300　M05；	
N42　M09；	
N44　M30；	

（4）固定形状粗车循环指令 G73　固定形状粗车循环是按照一定的切削形状，逐渐地接近最终形状的循环切削方式。一般用于车削零件毛坯的形状已用锻造或铸造方法成形的零件的粗车，加工效率很高。G73 指令的执行过程如图 4-47 所示。

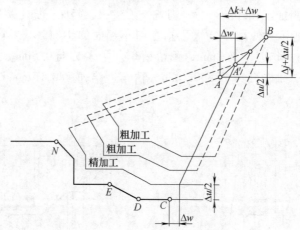

图 4-47　G73 固定形状粗车循环

指令格式：

G73　U(Δi)　W(Δk)　R(d);

G73　P(n_s)　Q(n_f)　U ± (Δu)　W ± (Δw)　F __ S __;

其中，n_s、n_f、Δu、Δw、F 和 S 与 G71 指令中的相同；Δi 为 X 轴的退刀距离和方向（半径值）；Δk 为 Z 轴的退刀距离和方向；d 为粗车循环次数。

注意：1）X 方向和 Z 方向的精车余量 Δu 和 Δw 的正负号确定方法与 G71 指令相同。

2）在粗车削循环过程中，刀尖半径补偿功能无效。

例 4-8　图 4-48 所示为使用 G73 固定形状循环指令进行粗车加工的实例，X 轴方向退刀量为 9.5mm，Z 轴方向退刀量为 9.5mm，精车余量 X 方向为 1mm，Z 方向为 0.5mm，粗车循环次数为 3，粗车进给速度 0.3mm/r，主轴转速为 500r/min，精车进给速度 0.15mm/r，主轴转速为 800r/min。加工程序如下：

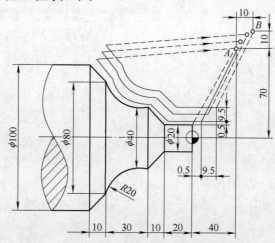

图 4-48　G73 固定形状粗车循环加工举例

O0010	程序号 O0010
N10　G50　X200.0　Z100.0；	设定工件坐标系
N12　T0101　M03　S500；	调 01 号粗车刀
N14　G00　X140.0　Z40.0　M08；	刀具快速走到 G73 循环起始点
N16　G73　U9.5　W9.5　R3；	
N18　G73　P20　Q30　U1.0　W0.5　F0.3；	固定形状粗车循环
N20　G00　X20.0　Z0　S800；	刀具移至精车起始点
N22　G01　Z－20.0　F0.15；	程序段 N20～N30 定义工件精切削路线
N24　X40.0　W－10；	
N26　W－10.0；	
N28　G02　X80.0　W－20.0　R20.0；	
N30　G01　X100.0　W－10.0；	
N34　G00　X200.0　Z100.0　T0100；	
N36　T0303；	调 03 号精车刀
N38　G00　X140.0　Z40.0；	
N40　G70　P20　Q30；	粗车后的精车削
N42　G00　X200.0　Z100.0　T0300　M05；	
N44　M09；	
N46　M30；	

4.3.5　车削加工编程举例

已知毛坯为 45 钢棒料，直径为 φ45mm，完成图 4-49 所示零件的工艺设计与程序编制。

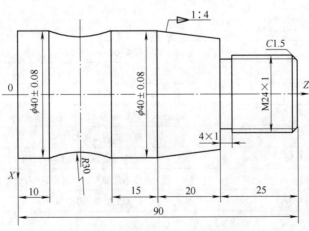

图 4-49　车削工艺与编程练习举例

以下为该零件的编程工作步骤和内容：

1. 工艺路线设计

1) 毛坯外伸 95mm，三爪自定心卡盘夹紧。

2) 用 90°外圆正偏刀粗车 φ40mm（每次背吃刀量 2mm）、φ24mm（每次背吃刀量

2mm）处，精切余量为直径方向 1mm，切入长度 2mm，主轴转速 500r/min，进给速度 300mm/min。

3）倒角 1.5mm×45°。

4）粗车圆锥。

5）切 4mm×1mm 槽。

6）用螺纹车刀切 R30mm。

7）用精车刀具加工各外圆。主轴转速 700r/min，进给速度 150mm/min。

8）加工螺纹，切入、切出长度均为 2mm。螺纹分 3 次加工，直径方向的吃刀量分别为：0.7mm、0.4mm、0.2mm。

9）切断。

2. 选择刀具

01 号刀：90°外圆粗车刀。

02 号刀：2mm 切断刀。

03 号刀：外圆精车刀。

04 号刀：螺纹车刀（60°）。

3. 加工程序　车削加工程序见表 4-3。

表 4-3　车削加工程序

程　序	说　明
O6320	程序名
N010　G50　X150.0　Z250.0;	设定工件坐标系
N020　M03　S500　T0101;	起动主轴 500r/min，调 01 号刀
N030　G00　X45.0　Z92.0;	快速运动至切削起点
N040　G90　X41.0　Z−3.0　F300;	粗切 ϕ40mm 外圆，留 1mm 余量及切断余量
N050　X36.0　Z65.0;	粗切 ϕ24mm 外圆
N060　X32.0　Z65.0;	
N070　X28.0　Z65.0;	
N080　X25.0　Z65.0;	留 1mm 精加工余量
N090　G00　X17.0;	移动到倒角延长线
N100　G01　X26.0　Z87.5;	进给倒角，X 方向 1mm 切出
N110　G00　X35.5　Z67.0;	移动到加工圆锥起点，切入长度 2mm
N120　G01　X41.5　Z43.0;	粗加工圆锥，切出 2mm
N130　G00　X50.0;	
N140　X150.0　Z250.0;	移动到换刀点
N150　T0202;	换 2mm 切断刀，加工 4mm×1mm 槽
N160　G00　X40.0　Z67.0;	
N170　G01　X23.0　F50;	第一次切入
N180　G00　X40.0;	
N190　Z65.0;	

（续）

程　　序	说　　明
N200　G01　X23.0；	第二次切入
N210　G00　X50.0；	
N220　X150.0　X250.0；	移动到换刀点
N230　T0404；	换螺纹车刀，加工圆弧
N240　G00　X41.34　Z32.0；	移动到圆弧延长线，切入2mm
N250　G02　X41.34　Z8.0　R29.5　F300；	加工圆弧，切出2mm
N260　G00　X50.0；	
N270　X150.0　Z250.0；	移动到换刀点
N280　T0303　S700；	换精切刀，主轴转速提至700r/min，准备精车各外圆
N290　G00　X17.0　Z92.0；	
N300　G01　X24.0　Z88.5　F150；	
N310　Z65.0；	
N320　X35.0；	
N330　X40.0　Z45.0；	
N340　Z30.0；	
N350　G02　X40.0　Z10.0　R30.0；	
N360　G01　Z−3.0；	
N370　G00　X50.0；	
N380　X150.0　Z250.0；	移动到换刀点
N390　T0404；	换螺纹车刀
N400　G00　X23.3　Z92.0；	快移至螺纹切削起点，背吃刀量0.7mm
N410　G32　X23.3　Z67.0　F1.0；	第一次加工螺纹
N420　G00　X28.0；	
N430　Z92.0；	
N440　X22.9；	背吃刀量0.4mm
N450　G32　X22.9　Z67.0　F1.0；	第二次加工螺纹
N460　G00　X28.0；	
N470　Z92.0；	
N480　X22.7；	背吃刀量0.2mm
N490　G32　X22.7　Z67.0　F1.0；	第3次加工螺纹
N500　G00　X50.0；	
N510　X150.0　Z250.0；	移动到换刀点
N520　T0303；	换切断刀
N530　G00　X44.0　Z−2.5；	移动到切断点，留0.5mm平端面余量
N540　G01　X0　F50；	
N550　G00　X150.0　Z250.0；	移动到换刀点
N560　M05；	主轴停转
N570　M30；	程序结束

4.4　数控车削工艺与编程练习

4.4.1　数控车削加工一般步骤

数控车削加工一般工作流程如图4-50所示。

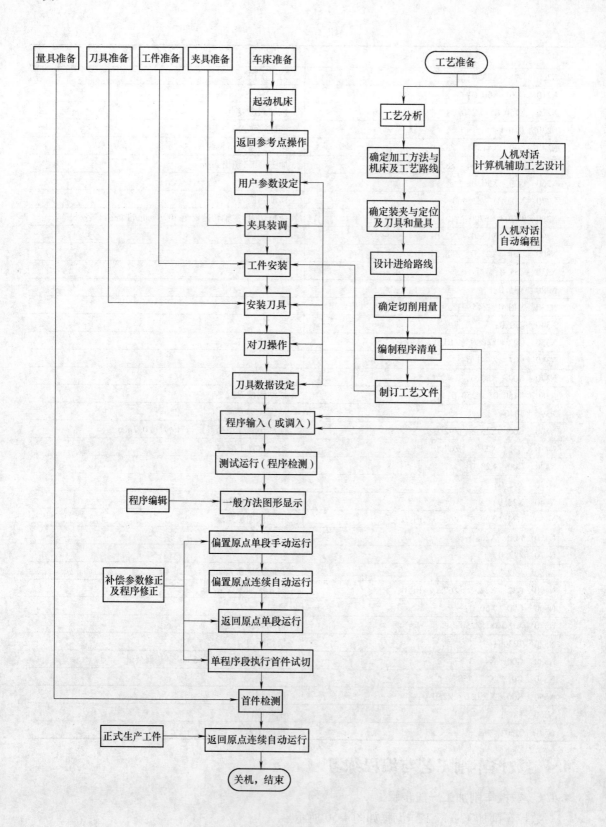

图 4-50 数控车削加工一般工作流程

在实际工作过程中，夹具装调、工件安装、安装刀具、程序输入等步骤可以根据具体情况调整顺序，图形显示等步骤可以根据机床和操作者实际情况进行增减。

4.4.2 数控车削加工工艺设计与程序编制举例

图 4-51 所示是一个轴套零件，单件小批量生产，材料为 45 钢棒料，现分析其数控车削加工工艺，并编程。

1. 工艺分析 该零件由内外圆柱面、外沟槽等组成。零件图尺寸标注完整，符合数控加工尺寸标注要求，尺寸精度要求较高，最小公差为 0.01mm，内外圆柱面有较高同轴度要求，内圆柱面还有较高的圆度和圆柱度公差要求，端面对轴线有较高的垂直度要求。材料为 45 钢棒料，切削性能较好，表面粗糙度最小的是 $Ra = 1.6\mu m$。零件编程时采用基本尺寸；为保证几何公差的要求，采取以内孔定位加工外圆和端面。

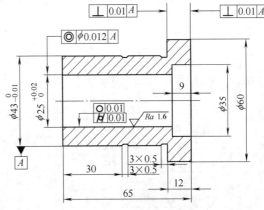

图 4-51 轴套零件图

2. 装夹方案确定 加工内孔时以外圆定位，用三爪自定心卡盘夹紧。加工外圆和端面时，为保证同轴度和垂直度的要求，以零件右端面和轴线为定位基准，采用小锥度心轴两顶尖装夹方法。

3. 刀具选择
1）用 45°硬质合金右偏刀车削端面。
2）用 $\phi4mm$ 中心钻钻中心孔。
3）用 $\phi22mm$ 钻头钻孔。
4）用内孔镗刀粗、精镗内孔。
5）用 $\phi25mm$ 铰刀精加工内孔。
6）用 90°正偏刀粗、精车外圆和端面。
7）用 3mm 宽切槽刀车槽。

4. 加工顺序和进给路线确定 加工顺序按由内到外、由粗到精、由近到远的原则确定，在一次装中尽可能加工出较多的表面。结合本零件的结构特征，可先钻孔、扩孔、粗车孔、精车内孔各表面，然后粗、精加工外圆和端面。由于该零件为单件小批量生产，进给路线设计不必强调最短进给路线或最短空行程路线问题。

5. 切削用量的确定 根据被加工零件质量、材料以及上述分析结果，参考《金属切削加工工艺人员手册》及车床使用说明书，选择的切削用量为：
1）粗加工：背吃刀量 $a_p = 3mm$，进给量 $f = 0.25m/r$，切削速度 $v_c = 90m/min$。
2）精加工：背吃刀量 $a_p = 0.5mm$，进给量 $f = 0.15mm/r$，切削速度 $v_c = 120m/min$。
3）切断刀：切削速度 $v_c = 60mm/min$，进给量 $f = 0.15mm/r$。
4）中心钻、钻头、扩孔刀、铰刀等手动进给刀具选合理的切削用量。

6. 数控加工工序卡 数控加工工序卡见表 4-4。

表 4-4　数控加工工序卡

单位名称	××××机械厂	产品名称		零件名称		零件图号	
		××××		轴套		××××	
工序号	程序编号	夹具名称		使用设备		车间	
×××	1000	三爪自定心卡盘和定位心轴		×××数控车床		××××	
工步号	工步内容	刀具号	刀具规格	主轴转速/ r·min^{-1}	进给速度/ mm·min^{-1}	背吃刀量 /mm	备注
1	车端面	T01	20mm×20mm	750	200	3	手动
2	钻中心孔	T02	ϕ4mm 中心钻	1500	50		手动
3	钻底孔	T03	ϕ22mm 钻头	430	80		手动
4	粗车内孔 ϕ25mm 至 ϕ24.4mm	T04	20mm×20mm	1100	300	2.4	自动
5	粗车内孔 ϕ35mm 到 ϕ33mm	T04	20mm×20mm	1100	300		自动
6	精车内孔 ϕ25mm 至 ϕ24.9mm	T04	20mm×20mm	1250	180	0.5	自动
7	精车内孔 ϕ35mm 至尺寸	T04	20mm×20mm	1250	180	0.5	自动
8	铰内孔 ϕ25mm	T05	ϕ25mm 铰刀	130	10		手动
9	粗车外圆和端面	T06	20mm×20mm	750	200	3	自动
10	精车外圆和端面	T07	20mm×20mm	950	180	0.5	自动
11	车外槽 3mm×0.5mm	T08	3mm×20mm	600	120		手动

7. 加工程序与手动操作步骤

1）车端面→钻中心孔→钻底孔。用三爪自定心卡盘夹紧工件毛坯一端，以外圆定位，在手动方式（MDI）下操作机床，用45°右偏刀车端面；用 ϕ4mm 中心钻钻深 3~5mm 的中心孔；用 ϕ22mm 钻头钻通孔。

2）自动加工内孔，以工件大头端面中心为编程原点。加工程序如下：

O1001

N10　T0404；　　　　　　　　　　内孔镗刀

N20　S1100　M03；　　　　　　　主轴正转，转速 1100r/min

N30　G00　X24.4　Z1.0；　　　　快速到达切削起点

N40　G01　Z−67.0　F300.0；　　粗车 ϕ25mm 内孔

N50　G00　X23.0；　　　　　　　退刀

N60　Z−8.0；　　　　　　　　　退刀

N70　G01　X33.0；　　　　　　　粗车 ϕ35mm 内孔端面

N80　Z1.0；　　　　　　　　　　粗车 ϕ35mm 内孔

N90　S1250　M03；　　　　　　　转速升至 1250r/min

N100　G00　X24.9　Z0；　　　　快速到达切削起点，留 0.1mm 余量精铰

N110　G01　Z−66.0　F180.0；　精车 ϕ25mm 内孔

N120　G00　X23.0；　　　　　　退刀

N130　Z−9.0；　　　　　　　　退刀

N140　G01　X35.0；　　　　　　精车 ϕ35mm 内孔端面

N150　Z0；　　　　　　　　　　精车 ϕ35mm 内孔

N160　G00　X150.0　Z100.0；　快速回到换刀点

N170　M30；　　　　　　　　　程序结束

3）手动铰内孔 $\phi 25\,\text{mm}$。在手动方式（MDI）下用 $\phi 25\,\text{mm}$ 铰刀铰内孔。

4）自动加工外圆与端面。工件调头，以工件小头端面中心为编程原点，以精加工好的内孔定位，配以心轴，用两顶尖装夹。加工程序如下：

O1002		
N10	T0606；	90°外圆偏刀，粗刀
N20	S750　M03；	主轴正转，转速 750r/min
N30	G00　X65.0　Z5.0；	快速移到循环起点
N40	G90　X62.0　Z−67.0　F200.0；	循环加工 $\phi 60\,\text{mm}$ 外圆
N50	X60.5　Z−67.0；	留 0.5mm 的余量
N60	X57.5　Z−53.0；	循环加工 $\phi 43\,\text{mm}$ 外圆
N70	X54.5　Z−53.0；	
N80	X51.5　Z−53.0；	
N90	X48.5　Z−53.0；	
N100	X45.5　Z−53.0；	
N110	X43.5　Z−53.0；	留 0.5mm 的余量
N120	G00　X150.0　Z100.0；	快速移到换刀点
N130	T0707；	90°外圆精车刀
N140	S950　M03；	主轴正转，转速为 950r/min
N150	G00　X24.0　Z5.0；	快速移到加工起点
N160	G01　Z0　F180.0；	
N170	X43.0；	车 $\phi 43\,\text{mm}$ 端面
N180	Z−53.0；	精车 $\phi 43\,\text{mm}$ 外圆
N190	X60.0；	车 $\phi 60\,\text{mm}$ 端面
N200	Z−67.0；	精车 $\phi 60\,\text{mm}$ 外圆
N210	G00　X150.0　Z100.0；	退刀
N220	M30；	程序结束

5）手动车外槽。在手动方式（MDI）下用 3mm 宽切槽刀车 3mm ×0.5mm 的外槽。

4.5　数控车床操作实训

4.5.1　仿真软件模拟操作

数控仿真技术是研究和设计复杂系统的一种新型和有效的工具。所谓数控加工仿真，就是采用计算机图形学的手段对加工和零件切削过程进行模拟，具有快速、仿真度高、成本低等优点。它采用可视化技术，通过仿真和建模软件，模拟实际的加工过程，在计算机显示器上将铣、车、钻等加工方法的进给路线描绘出来，并能提供错误信息的反馈，使工程技术人员能预先看到制造过程，及时发现生产过程中的不足，有效预测数控加工过程和切削过程的可靠性及高效性，此外，还可以对一些意外情况进行控制。数控加工仿真代替了试切等传统的进给轨迹的检验方法，大大提高了数控机床的有效工时和使用寿命，因此在制造业得到了越来越广泛的应用。

数控仿真系统不仅可以模拟实际设备加工环境及其工作状态，为验证数控程序的可靠性、防止干涉和碰撞的发生以及预测加工过程提供了强有力的工具。同时，数控仿真技术还可以用于数控技术专业人才的培训教学。

在培训和教学过程中，数控机床的模拟通过计算机显示器上的仿真操作面板进行操作，而零件切削过程可在机床仿真模型上进行三维动画演示，仿真加工和操作几乎和实际机床的真实情况一样。

数控加工仿真系统具有 FANUC、SIEMENS 等众多数控系统的功能，学生通过在计算机上操作此类软件，在很短时间内就能掌握数控车床、数控铣床及加工中心的操作。

数控加工仿真系统功能较为完善，适合于教学的使用，其中语法诊断和模拟示教功能可以使学生进行人机交互式学习。即由学生输入 NC 程序，在模拟运行过程中，系统能及时提供错误信息、刀具相对移动轨迹的显示以及最终加工的立体效果，再由学生经过简单判断就能很容易地发现和修改 NC 程序的错误。

在操作方面，由于数控加工仿真系统采用了与数控机床操作系统相同的面板和按键功能，并且使用数控加工仿真系统在操作中即使出现人为的编程或操作失误也不会危及机床和人身安全，反而学生还可以从中吸取大量的经验和教训。所以说它是初学者理想的试验、实践工具，只要经过短期的专门训练，学生很快就能够适应数控系统的实际操作方法，从而为以后技能的进一步深造打下坚实的基础。

数控车床配用的数控系统不同，其机床操作面板的形式也不同，但其各种开关、按键的功能及操作方法基本相似。本节以上海宇龙软件工程有限公司的软件"数控加工仿真系统"为样本，采用 FANUC 系统为例，介绍数控车床的操作。

1. 概述 宇龙仿真软件数控机床操作面板由 LCD/MDI 面板和机床操作面板两部分组成，如图 4-52 所示。LCD/MDI 面板由一个 LCD 显示器和一个 MDI 键盘构成，用于显示和编辑机床控制器内部的各类参数和数控程序；机床操作面板则由若干操作按钮组成，用于直

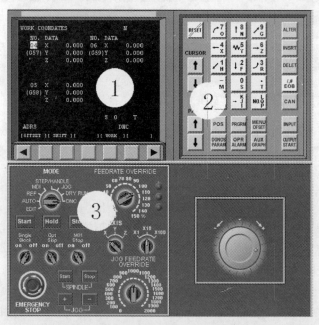

图 4-52 数控机床 CNC 操作和机床操作面板

1—LCD 面板 2—MDI 键盘 3—机床操作面板

接对机床进行控制操作和状态设定。

仿真软件显示器上控制机床操作面板 3 的方法是：置光标于旋钮上，单击鼠标左键，旋钮逆时针转动；单击鼠标右键，旋钮顺时针转动，进行模式切换。

2. 数控车床模拟操作过程　以图 4-53 所示的零件为例，采用外圆加工方式，选取刀尖半径 $R=0.4$mm，刀具长度 60mm，V 型刀片，H 型刀柄。选择直径为 130mm，长为 200mm 圆柱形毛坯。

图 4-53　举例零件

工艺设计和程序编制省略。在程序中采用 G54 定位坐标系，加工结果如图 4-53 所示。下面利用"宇龙数控车床操作仿真软件"来进行模拟操作。

在计算机上模拟仿真操作，首先要进入仿真软件系统，打开"开始"菜单。在"程序/数控加工仿真系统/"中选择"数控加工仿真系统（FANUC）"，单击"进入"，然后进行以下操作：

1）选择机床。如图 4-54 所示，单点击菜单"机床/选择机床…"，在"选择机床"对话框中控制系统选择"FANUC"，"机床类型"选择"车床"并按"确定"按钮，此时界面如图 4-55 所示。

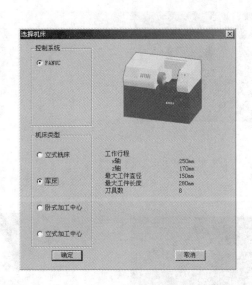

图 4-54　"机床"菜单及"选择机床"对话框

2）机床回零。在操作面板的 MODE 旋钮（见图 4-56）位置用鼠标左键单击，将旋钮拨到 REF 档，再单击 JOG 中加号按钮，此时 X 轴将回零，相应操作面板上 X 轴的指示灯亮，同时 LCD 上的 X 坐标发生变化；再用鼠标右键单击旋钮，再用左键单击加号按钮，可以将 Z 轴回零，此时 LCD 和操作面板上的指示灯如图 4-57 和图 4-58 所示，同时机床的变化如图 4-59 所示。

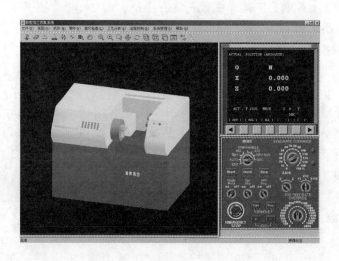

图 4-55 "数控加工仿真系统"软件界面

图 4-56 操作面板上的 MODE 旋钮

图 4-57 操作面板上的指示灯

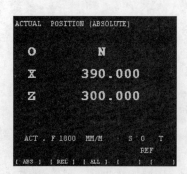

图 4-58 LCD 界面显示

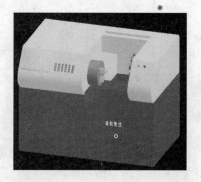

图 4-59 车床运动状态显示

3）零件安装。单击菜单"零件/定义毛坯⋯"，在"定义毛坯"对话框（见图 4-60）

中可改写零件尺寸高和直径，完成后单击"确定"按钮。

　　单击菜单"零件/放置零件…"，在"选择零件"对话框（见图 4-61）中，选取名称为"毛坯 1"的零件，并按"确定"按钮。界面上出现控制零件移动的面板，可以用其移动零件，此时单击面板上的"退出"按钮，关闭该面板，此时机床如图 4-62 所示，零件已放置在机床工作台上。

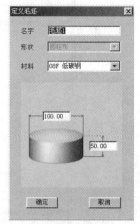

图 4-60　"定义毛坯"对话框

　　4）输入程序。数控程序可以通过记事本或写字板等编辑软件输入并保存为文本格式文件，也可直接用 FANUC 系统的 MDI 键盘输入。此处使用软件中已存有的一个程序文件"fanucturndocu. NC"。

　　将操作面板的 MODE 旋钮切换到 DNC 键。单击菜单"机床/DNC 传送…"，在"打开"对话框（见图 4-63）中选取文件"fanucturndocu. NC"，单击"打开"按钮。

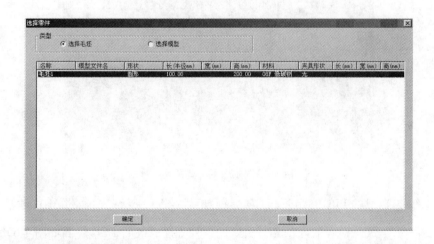

图 4-61　"选择零件"对话框

图 4-62　控制零件移动面板及机床上的零件

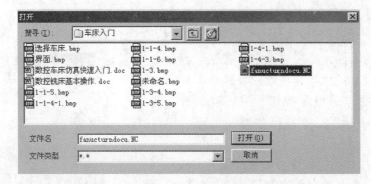

图 4-63　"打开"对话框

单击菜单"视图/控制面板切换",打开 FANUC 系统的 MDI 键盘,此时界面如图 4-64 所示。

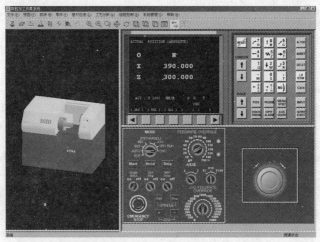

图 4-64　"数控加工仿真系统"界面

单击 MDI 键盘上的 PRGRM 键,LCD 界面如图 4-65a 所示;在通过 MDI 键盘一次输入 01,再单击 INPUT 键,即可输入预先编辑好的数控程序,此时 LCD 界面如图 4-65b 所示。

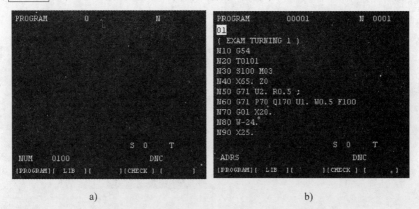

a)　　　　　　　　　　　　　　　　b)

图 4-65　输入数控程序前后的 LCD 界面

5）检查运动轨迹。可将操作面板中 MODE 旋钮（见图 4-56）切换到 DRY RUN 位置，再单击操作面板上的 Start 按钮，即可观察数控程序的运行轨迹，此时也可通过"视图"菜单中的动态旋转、动态放缩、动态平移等方式对运行轨迹进行全方位的动态观察，运行轨迹如图 4-66 所示。该图在 CRT（LCD）显示时，红线代表刀具快速移动的轨迹，绿线代表刀具切削的轨迹。

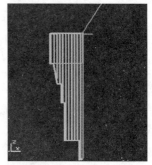

图 4-66 运行轨迹

6）装刀与对刀。单击菜单"机床/选择刀具"，在"车刀选择"对话框中根据加工方式选择所需的刀片和刀柄，确定后退出，如图 4-67 所示。装好刀具后，机床如图 4-68 所示。

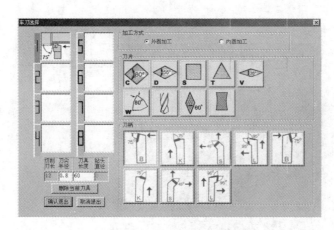

图 4-67 "车刀选择"对话框

运行轨迹正确，表明输入的程序基本正确，数控程序以零件上表面中心点为原点。下面将说明如何通过对刀来建立工件坐标系与机床坐标系的关系。

将操作面板中 MODE 旋钮（见图 4-56）切换到 JOG 上。单击 MDI 键盘的 POS 按钮，利用操作面板上的 JOG 按钮的 +、− 键和 X、Z 轴的控制旋钮 AXIS，将机床移动到如图 4-69 所示的大致位置。

图 4-68 车床装刀显示

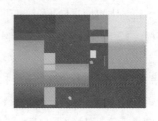

图 4-69 车床对刀显示 1

　　打开"视图/选项…"中"铁屑开"选项（以确保对刀的准确性）。单击操作面板上
SPINDLE 中的 Start 和 Stop 按钮控制零件的转动。
将操作面板的 MODE 旋钮（见图 4-56）切换到
STEP。通过调节操作面板上的倍率旋钮 JOG FEE-
DRATE OVERRIDE 和 JOG 按钮的 + 、 − 键进行
微调。在刀具和零件刚开始碰撞时，记下此时 LCD
中的 X 坐标 287.333，如图 4-70 所示。故工件中心
的 X 坐标为 287.333 − 63.032（零件半径）=
224.301。同样可得工件中心的 Z 坐标为 201.017。
零件半径可单击"工艺分析/测量…"，再单击对

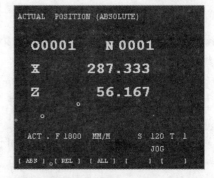

图 4-70　车床对刀显示 2

刀时切割的边，在右边对话框中得 X、Z 长度，X 长度即为切割后零件准确半径，如图 4-71
所示。

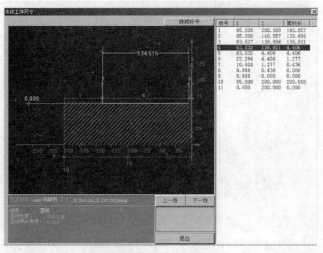

图 4-71　车床对刀显示 3

　　7）参数设置。确定工件与机床坐标系的关系有两种方法：一种是通过 G54 ~ G59 设定，
另一种是通过 G92 设定。此处采用的是 G54 方法：将对基准得到的工件在机床上的坐标数
据，结合工件本身的尺寸算出工件原点在机床中的位置，确定机床开始自动加工时的位置。
　　刀具补偿参数默认为 0。
　　连续单击 MENU OFFSET 按钮四次，找到如图 4-72
所示的面板，输入 G54 的值（工件中心坐标），即完成
了数据的输入。
　　8）自动加工。机床位置确定和工件中心坐标输入
后，就可以开始自动加工了。此时将操作面板的 MODE
旋钮（见图 4-56）切换到 AUTO，单击 Start 按钮，机
床就开始自动加工了，如图 4-73 所示。加工完毕就会
出现图 4-74 所示的结果。

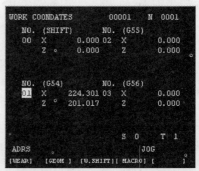

图 4-72　参数设置显示

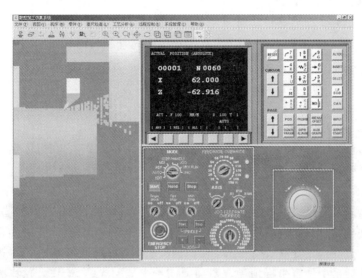

图 4-73 车床自动加工显示

4.5.2 数控车床实际操作

完成工件的加工程序编制并且在仿真软件上模拟之后，就可以操作机床对工件进行加工，下面简述数控车床的各种操作。

1. 机床开机前后的检查工作 认真遵守《机床使用说明书》中规定的注意事项，做好电源接通前后的检查工作。如检查润滑装置上油标的液面位置、检查切削液的液面是否高于水泵吸入口、检查总压力表等。当检查以上各项均符合要求时，方可操作机床。

2. 数控车削加工前的调整 数控车削加工前应对工艺系统作准备性的调整，其中完成对刀过程并输入刀具补偿是关键的环节。在数控车削过程中，应首先确定零

图 4-74 加工结果显示

件的加工原点，以建立工件坐标系；同时，还要考虑刀具的不同尺寸对加工的影响，并输入相应的刀具补偿值。这些都需要通过对刀来解决。

在加工程序执行前，调整每把刀具用于编程的刀位点（如尖形车刀刀尖、圆弧车刀圆心等），使其尽量重合于某一理想基准点，这一过程称为对刀。对刀操作的目的是通过确定刀具起始点建立工件坐标系及设置刀偏量（刀具偏置量或位置补偿量）。对刀的方法按所用的数控机床的类型不同也有所区别，一般可分为机内对刀和机外对刀两大类。机内对刀较多地用于车削类数控机床，根据其对刀原理，它又可分为两种：测量法（对刀仪对刀）和试切法对刀。

由于试切法对刀不需要任何辅助设备，所以被广泛地用于经济型低档数控机床中。其基本原理是通过每一把刀具对同一工件的试切削，分别测量出其切削部位的直径和轴向尺寸，来计算出各刀具刀尖在 X 轴和 Z 轴的相对尺寸，从而确定各刀具的刀补量。下面介绍采用试切法进行对刀的过程。

1）回参考点操作。用面板"回参考点"方式，进行回参考点的操作，建立机床坐标系。此时显示器上显示刀架中心（对刀参考点）在机床坐标系中的当前位置坐标值。

2）试切的测量。用面板上的 MDI 方式操纵机床对外圆表面试切一刀，然后保持刀具在横向（X 轴方向）上的位置不变，沿纵向（Z 轴方向）退刀；测量工件试切后的直径值 D 即可知道刀尖在 X 轴方向上的当前位置坐标值，并记录下显示器上显示的刀架中心在机床坐标系中 X 轴方向上的当前位置坐标值 X_1。用同样的方法再将工件端面试切一刀，保持刀具在纵向（Z 轴方向）上的位置不变，沿横向（X 轴方向）退刀，同样可以测量试切端面至工件原点的距离长度尺寸 L，并记录下显示器上显示的刀架中心在机床坐标系中 X 轴方向上的当前位置坐标值 Z_1。

3）计算坐标增量。根据试切后测量的工件直径 D、端面距离长度 L 与程序所要求的起刀点位置 (α, β)，算出将刀尖移到起刀点位置所需的 X 轴的坐标增量 $\alpha - D$ 与 Z 轴坐标增量 $\beta - L$。

4）对刀。根据算出的坐标增量，用手摇脉冲发生器移动刀具，使前面记录的位置坐标值（X_1，Z_1）增加相应的坐标增量，即将刀具移至使显示器上所显示的刀架中心（对刀参考点）在机床坐标系中位置坐标值为（$X_1 + \alpha - D$，$Z_1 + \beta - L$）为止。这样就实现了将刀尖放在程序所要求的起刀位置（α，β）上。

例如：设以卡爪前端面为工件原点（X200.0，Z253.0），若完成回参考点操作后，经试切，测量工件直径为 $\phi 67\text{mm}$，试切端面至卡爪端面的距离尺寸为 131mm，而显示器上显示的位置坐标值为（X265.763，Z419.421）。为了将刀尖调整到起刀点的位置（X200.0，Z253.0），只要将显示的位置 X 坐标增加 $200 - 67 = 133$，Z 坐标增加 $253 - 131 = 122$，即将刀具移到使显示器上显示的位置为（X398.763，Z419.421）即可。然后执行加工程序段 G50　X200.0　Z253.0，即可建立工件坐标，并显示刀尖在工件坐标系中的当前位置（X200.0，Z253.0）。

如在加工大批量的同一零件时，为了方便可改变参考点位置，通过改变数控系统参考点位置来使刀位点到达新的一个起刀点位置，即移动机床上的挡块（一般讲是把极限位置变得离机床原点更近）。这样在进行回参考点操作时，即能使刀尖到达起刀点位置。

3. 手动操作机床　当机床执行自动加工时，机床的操作基本上是自动完成的，而其他情况下要靠手动来完成。

1）手动返回参考点。

2）滑板的手动进给。当手动调整机床时，或是要求刀具快速移动接近或离开工件时，需要手动操作滑板进给。其操作有两种：一种是用"JOG"按钮使滑板快速移动，另一种是用手摇轮移动滑板。

3）主轴的操作。主轴的操作主要包括主轴的起动与停止和主轴的点动。

4）刀架的转位。装卸刀具、测量切削刀具的位置以及对工件进行切削时，都要靠手动操作实现刀架的转位。

5）机床的急停。机床无论是在手动或自动运转状态下，遇有不正常情况，需要机床紧急停止时，按下紧急停止按钮；按下复位键"RESET"；按下 NC 装置电源断开键；按下进给保持按钮"FEED HOLD"，都可以实现机床急停。

6）程序的输入、检查、修改和检验。将编制好的工件程序输入到数控系统中，以实现机床对工件的自动加工。程序的输入方法有两种：一种是通过 MDI 键盘输入，另一种是通过 USB 接口输入。对于已输入到存储器中的程序必须进行检查，对检查中发现的错误，必须进行修改，即对某些程序段要进行修改、插入和删除。由于存在一些意想不到的实际加工情况，一般来说，在正式加工之前都要对程序进行检验，其检验方法有：空运行方式、图形模拟方式、试切方式。

7）刀具补偿值的输入和修改。为保证加工精度和编程方便，在加工过程中必须进行刀具补偿，每一把刀具的补偿量需要在空运行前输入到数控系统中，以便在程序的运行中自动进行补偿。为了编程及操作的方便，通常是使 T 代码指令中的刀具编号和刀具补偿号相同。如 T0101、T0404 等。

4. 数控车床的自动加工　工件的加工程序输入到数控系统后，经检查无误，且各刀具的位置补偿值和刀尖圆弧半径补偿值已输入到相应的存储器中，便可进行车床的实际自动加工了，操作步骤如下：

1）各刀具装夹完毕。

2）各刀具的补偿值已输入数控系统。

3）手动返回参考点。

4）装夹好工件。

5）将"进给倍率"开关旋至适当位置，刚开始一般置于100%，后手动调至适当位置。

6）将"主轴转速倍率"开关旋至适当位置。

7）按下"PRGAM"键，输入被加工的程序号，在 LCD 显示器上显示该加工程序。

8）将光标移到程序号下面，按下"循环启动"按钮，机床开始自动运行，同时指示灯亮。

9）LCD 显示器上显示正在运行的程序。

复习与思考题

1. 简述数控车床的特点及分类。

2. 简述数控车床与普通卧式车床在结构上的不同点。

3. 说明数控车削加工中设置恒线速控制的意义。分析在实际加工中何时考虑使用恒线速，何时考虑使用恒转速？

4. 什么是半径编程和直径编程？

5. 综合练习。对图 4-75、图 4-76 所示的零件分别编写数控车削加工程序，具体要求如下：

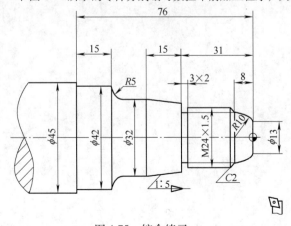

图 4-75　综合练习一

1）工件毛坯为 45 钢棒料。

2）对工件图样进行工艺分析，确定加工方案。

3）选择刀具，确定切削用量。

4）编写数控加工程序。

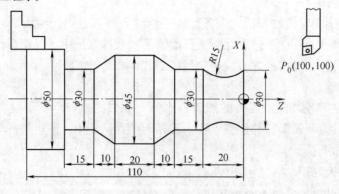

图 4-76　综合练习二

第5章 数控铣床和加工中心编程与操作

5.1 数控铣床和加工中心概述

数控铣床和加工中心（Machine Center，MC）在结构、工艺和编程等方面有许多相似之处，主要区别在于数控铣床没有自动刀具交换装置及刀库，只能用手动方式换刀。加工中心是在数控铣床的基础上产生和发展起来的。

数控铣床和加工中心主要进行镗铣削类加工，工艺范围包括铣面、镗钻孔、切削螺纹等。

5.1.1 数控铣床和加工中心的加工特点

数控铣床和加工中心适宜加工的主要对象有箱体类零件，复杂曲面，异形件，盘、套、板类零件和特殊加工等。在备有刀库并能自动更换刀具的加工中心上，工件经一次装夹后，数控系统能控制机床按不同工序自动选择和更换刀具，自动改变机床主轴转速、进给量、刀具相对工件的运动轨迹及其他辅助机能，依次完成工件一个或几个面上多工序的加工。加工中心集中完成多种工序，因而可减少工件装夹、测量和机床的调整时间，减少工件周转、搬运和存放时间，使机床的切削利用率（切削时间和开动时间之比）可达80%以上，高于普通机床3~4倍。尤其是在加工形状比较复杂、精度要求较高、品种更换频繁的零件时，加工中心更体现出良好的加工效果。

数控镗铣削加工主要加工对象按几何元素和零件类型分为以下几类：

1. 按几何元素分

（1）平面类零件 平面类零件是指加工面平行、垂直于水平面或其加工面与水平面的夹角为定角的零件。目前，在数控铣床上加工的绝大多数零件属于平面类零件。平面类零件的特点是，各个加工单元面是平面，或可以展开成为平面。例如，图 5-1 中的曲线轮廓面 M 和正圆台面 N，展开后均为平面。

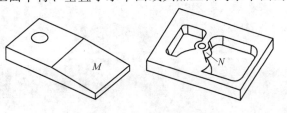

图 5-1 平面类零件

（2）曲面类零件 曲面类零件是指加工面为空间曲面的零件，如图 5-2 所示。常见的有模具、叶片、螺旋桨等。曲面类零件的加工面不能展开为平面，加工面与铣刀始终为点接触。加工曲面类零件一般采用三坐标轴联动的加工方法。当曲面较复杂、通道较狭窄、会伤及毗邻表面及需要刀具摆动时，必须采用四轴联动或五轴联动铣床进行加工。

（3）孔和螺纹 孔加工根据尺寸大小和精度高低分为：钻→扩→铰或钻→镗→精镗加工等；螺纹加工分为：攻、扩→攻或扩→铣→螺旋铣等。

（4）异形零件 异形零件是指外形不规则的零件，大都需要点、线、面多工位混合加工，如图 5-3 所示。由于异形零件外形不规则，刚性一般较差，夹压变形难以控制，加工精度也难以保证，在普通铣床上只能采取工序分散的原则加工，需用工装较多，周期较长，甚至某些零件的特殊加工部位用普通机床难以完成。用加工中心加工异形零件时应采用合理的工艺措施，一次或两次装夹，利用加工中心多工位点、线、面混合加工的特点，完成多道工序或全部的工序内容。

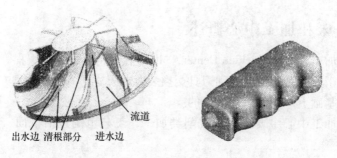

图 5-2　曲面类零件

2. 按零件类型分

（1）箱体类零件　如图 5-4 所示，箱体类零件一般是指具有一个以上孔系，内部有一定型腔，在长、宽、高方向有一定比例的零件。这类零件在机械行业，汽车、飞机制造等各个行业使用得较多。箱体类零件一般都需要进行多工位孔系及平面加工，公差要求较高，特别是几何公差要求较为严格，通常要经过铣、钻、扩、镗、铰、锪、攻螺纹等工序，需要刀具较多，在普通铣床上加工难度大，工装套数多，费用高，加工周期长，需多次装夹、找正，手工测量次数多，加工时必须频繁地更换刀具，工艺难以制订，更重要的是精度难以保证。

图 5-3　异形零件　　　　　　　　　图 5-4　箱体类零件

在加工中心上加工箱体类零件，一次安装可完成普通铣床的 60% ~ 95% 的工序内容，零件各项精度一致性好，质量稳定，生产周期短。对于加工工位较多，需工作台多次旋转才能完成的零件，一般选卧式镗铣类加工中心。当加工的工位较少时，可选立式加工中心。

（2）盘、套、板类零件　如图 5-5 所示，这类零件端面上有平面、曲面和孔系，径向也常分布一些径向孔，如带法兰的轴套，带键槽或方头的轴类零件等，以及具有较多孔加工的板类零件，如各种电动机盖等。加工部位集中在单一端面上的盘、套、板类零件宜选择立式加工中心，加工部位不是位于同一方向表面上的零件宜选择卧式加工中心。

图5-5　盘、套、板类零件

（3）凸轮类零件　这类零件有各种曲线的盘形凸轮、圆柱凸轮、圆锥凸轮和端面凸轮等，加工时，可根据凸轮表面的复杂程度，选用三轴、四轴或五轴联动的加工中心。

（4）复合件　复合件是指既有平面又有孔系，形状复杂，甚至还有复杂曲线、曲面结构的零件，如图5-6所示。普通铣床很难加工，数控铣床和加工中心在一次安装中，可以完成零件平面的铣削、孔系的钻削、镗削、铰削、铣削及攻螺纹等多工序加工。同时还可进行多坐标联动加工，加工中心还备有刀库并能自动更换刀具，加工的部位可以在一个平面上，也可以在不同的平面上。五面加工中心一次安装可以完成除装夹面以外的五个面的加工。

图5-6　复合件

除了加工上述零件外，数控铣床和加工中心还可以加工以下零件：

1）周期性投产的零件。用数控铣床和加工中心加工零件时，所需工时主要包括基本时间和准备时间，其中，准备时间占很大比例。例如工艺准备、程序编制、零件首件试切等，这些时间往往是单件基本时间的几十倍。采用数控铣床和加工中心可以将这些准备时间的内容储存起来，供以后反复使用。这样，对于周期性投产的零件，就可以大大缩短生产周期。

2）加工精度要求较高的中小批量零件。数控铣床和加工中心具有加工精度高、尺寸稳定的特点，选择数控铣床和加工中心加工精度要求较高的中小批量零件，容易获得所要求的尺寸精度和形状位置精度，并可得到很好的互换性。

3）新产品试制中的零件。在新产品定型之前，需经反复试验和改进。选择加工中心试制，可省去许多用通用机床加工所需的试制工装。当零件被修改时，只需修改相应的程序及适当地调整夹具、刀具即可，节省了费用，缩短了试制周期。

5.1.2　数控铣床和加工中心的分类与功能

数控铣床和加工中心一般能实现三轴或三轴以上的联动控制，具有直线插补和圆弧插补功能，还具有各种加工固定循环、刀具半径自动补偿、刀具长度自动补偿、加工过程图形显示、人机对话、故障自动诊断、离线编程等功能。加工中心还有自动交换加工刀具的能力，通过在刀库中安装不同用途的刀具，可在工件一次装夹中通过自动换刀装置改变主轴上的加工刀具，实现多种加工功能。

数控铣床和加工中心一般从外观上可分为立式、卧式和复合式等。立式结构的主轴垂直于工作台，主要适用于加工板材类、壳体类工件，也可用于模具加工。卧式结构的主轴轴线与工作台台面平行，它的工作台大多为由伺服电动机控制的数控回转台，在工件一次装夹中，通过工作台旋转可实现多个加工面的加工，适用于箱体类工件加工。复合加工中心主要是指在一台机床上有立、卧两个主轴或主轴可90°改变角度，因而可在工件一次装夹中实现五个面的加工。

数控铣床和加工中心的具体分类如下：

1. **数控铣床的分类**　数控铣床以铣削为主要加工方式，一般是指规格较小的升降台数控铣床，其工作台宽度多在400mm以下，规格较大的数控铣床已向加工中心演变。数控铣床是机械加工中最常用和最主要的数控加工设备之一，能进行钻孔、镗孔、攻螺纹、外形轮廓铣削、平面铣削、型腔铣削，还能铣削各种立体轮廓。数控铣床主要分为三种类型：

（1）立式数控铣床　如图3-4和图5-7所示，立式数控铣床在数量上一直占据数控铣床的大多数，应用范围也最广。三坐标立式数控铣床根据数控系统的控制功能可分为两轴联动、两轴半联动和三轴联动加工，为了扩大数控立铣的功能和加工范围，部分数控机床的主轴可以绕X、Y、Z坐标轴中的一个或两个作数控摆角运动，或附加数控转盘；当转盘水平放置时，可增加一个C轴；当转盘垂直放置时，可增加一个A轴或B轴，从而完成四轴联动和五轴联动数控立铣加工。一般来说，机床控制的坐标轴越多，特别是要求联动的坐标轴越多，机床的功能、加工范围及可选择的加工对象也越多，但机床的结构也更复杂，对数控系统的要求也更高。

（2）卧式数控铣床　如图3-3所示，卧式数控铣床通常可采用增加数控转盘或万能数控转盘来实现四轴或五轴加工。利用万能数控转盘，可以将工件上不同角度的加工面摆成水平，从而省去很多专用夹具或专用角度成形铣刀。

（3）立卧两用数控铣床　如图5-7和图5-8所示，立卧两用数控铣床的主轴方向可以更换，因此在一台机床上既可以进行立式加工，又可以进行卧式加工。由于具备上述两类机床的功能，因此立卧两用数控铣床的使用范围更广，功能更全，选择加工对象的余地也更大，给用户带来了不少方便。

立卧两用数控铣床可以对工件进行五面加工，除了工件与转盘贴合的定位面外，对其他表面的加工可以在一次安装中完成。

2. **加工中心的分类**　加工中心按主轴在空间所处的状态分为立式加工中心、卧式加工中心和立卧式加工中心，立卧式加工中心又称为五面加工中心或复合加工中心。

按加工中心立柱的数量分，有单柱式加工中心和双柱式（龙门式）加工中心。

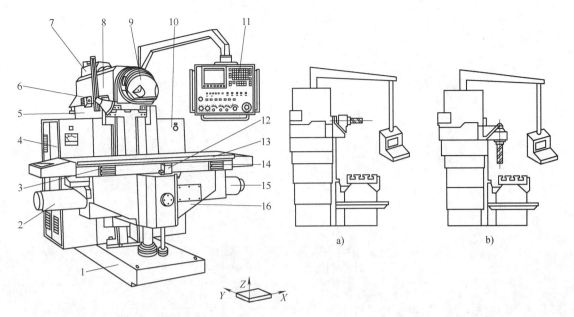

图 5-7　XKA5750 型数控铣床

1—底座　2、15—伺服电动机　3、14—行程限位开关

4—强电柜　5—床身　6—横向限位开关　7—后壳体

8—滑枕　9—万能铣头　10—数控柜　11—按钮站

12—纵向限位开关　13—工作台　16—升降滑座

图 5-8　立卧两用数控铣床

a）立式加工状态　b）卧式加工状态

　　按加工中心运动坐标数和同时控制的坐标数分，有三轴两联动、三轴三联动、四轴三联动、五轴四联动、六轴五联动等加工中心。三轴、四轴、……是指加工中心具有的运动坐标数，联动是指控制系统可以同时控制运动的坐标数，从而实现对刀具相对工件的位置和速度的控制。

　　按工作台的数量和功能分，有单工作台加工中心、双工作台加工中心和多工作台加工中心。

　　按加工精度分，有普通加工中心和高精度加工中心。对于普通加工中心，分辨率为 $1\mu m$，最大进给速度为 $15 \sim 25m/min$，定位精度为 $10\mu m$ 左右。对于高精度加工中心，分辨率为 $0.1\mu m$，最大进给速度为 $15 \sim 100m/min$，定位精度为 $2\mu m$ 左右。定位精度介于 $2 \sim 10\mu m$ 之间的（以 $\pm 5\mu m$ 居多），可称精密级加工中心。

　　常见加工中心类型如图 5-9 和图 5-10 所示。

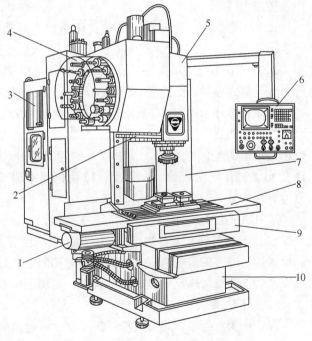

图 5-9　立式加工中心

1—X 轴电动机　2—机械手　3—数控柜　4—刀库　5—主轴箱

6—操作面板　7—电气柜　8—工作台　9—滑座　10—床身

a)   b)

图 5-10　加工中心的种类
a）卧式加工中心　b）五坐标加工中心

5.1.3　数控铣床和加工中心的一般结构

数控铣床和加工中心本身的结构分为两大部分：一是主机部分，二是控制部分。

主机部分主要是机械结构部分，包括：床身、主轴箱、工作台、底座、立柱、横梁、进给机构、刀库、换刀机构（加工中心）及辅助系统（气液、润滑、冷却）等。

控制部分包括硬件部分和软件部分。硬件部分包括：计算机数字控制装置（CNC），可编程序控制器（PLC），输出、输入设备，主轴驱动装置和显示装置。软件部分包括系统程序和控制程序。

1. 数控铣床的一般结构　数控铣床是在普通铣床的基础上发展起来的，下面以北京第一机床厂生产的 XKA5750 型数控铣床为例介绍数控铣床的一般结构。

XKA5750 型数控铣床是带有万能铣头的立卧两用数控铣床，三坐标联动，可以铣削具有曲线轮廓的零件，如凸轮、模具、样板、叶片及弧形槽等复杂零件。

机床整体外形如图 5-7 所示。机床主运动由交流无级变速电动机驱动，万能铣头 9 不仅可以将主轴调整到立式或卧式位置，还可以在前半球面内使主轴中心线处于任意空间位置。机床进给运动包含 X、Y、Z 三个方向的运动，工作台 13 由伺服电动机 15 驱动在升降滑座 16 上沿 X 轴作纵向运动，升降滑座 16 由伺服电动机 2 驱动沿 Z 轴作垂向运动，滑枕 8 带动万能铣头 9 沿 Y 轴作横向运动。

2. 加工中心的一般结构　如图 5-9 所示，加工中心基本上由以下几大部分组成。

（1）基础部件　主要由床身、立柱和工作台等大件组成。它们是加工中心的基础结构，要承受加工中心的静载荷以及在加工时的切削负载，因此必须是刚度很高的部件。这些大件可以是铸铁件也可以是焊接的钢结构件，是加工中心中重量和体积最大的部件。

（2）主轴系统　主要由主轴箱、主轴电动机、主轴和主轴轴承等零件组成。主轴的起动，停止和变速等动作均由数控系统控制，并通过装在主轴上的刀具参与切削运动，是切削加工的功率输出部件。主轴系统是加工中心的关键部件，其结构的好坏，对加工中心的性能有很大的影响。

（3）数控系统　主要由 CNC 装置、可编程序控制器、伺服驱动装置等部分组成。它们是加工中心执行顺序控制动作和完成加工过程的控制中心。

（4）自动换刀系统（ATC）　主要由刀库、自动换刀装置等部件组成。刀库是存放加工过程所要使用的全部刀具的装置。当需要换刀时，根据数控系统的指令，由机械手将刀具从刀库取出装入主轴孔中。刀库有盘式、链式和鼓式等多种形式，容量从几把到几百把。机械手的结构根据刀库与主轴的相对位置及结构的不同也有多种形式，如单臂式、双臂式、回转式和轨道式等。有的加工中心利用主轴箱或刀库的移动来实现换刀。

（5）辅助系统　包括润滑、冷却、排屑、防护、液压和随机检测系统等部分。辅助系统虽不直接参与切削运动，但对加工中心的加工效率、加工精度和可靠性起到保障作用，因此也是加工中心中不可缺少的部分。

另外，为进一步缩短非切削时间，有的加工中心还配备了自动托盘交换（APC）系统。例如，配有两个自动交换工件托盘的加工中心，一个安装工件在工作台上加工，另一个则位于工作台外进行工件的装卸。当完成一个托盘上工件的加工后，便自动交换托盘，进行新零件的加工，这样可以减少辅助时间，提高加工效率。

3. 数控铣床和加工中心结构上的特点

1）机床的刚度高、抗振性好。为了满足加工中心高自动化、高速度、高精度、高可靠性的要求，机床的静刚度、动刚度（机床在静态力作用下所表现的刚度称为机床的静刚度；机床在动态力作用下所表现的刚度称为机床的动刚度）和机械结构系统的阻尼比都高于普通铣床。

2）机床的进给传动系统结构简单，传递精度高，速度快。传动装置主要有：静压或滚珠丝杠螺母副和导轨副、静压蜗杆蜗轮副，或采用直线电动机直接传动。省去了齿轮传动机构，一般速度可达 15m/min，最高可达 100m/min。

3）主轴系统结构简单，无齿轮箱变速系统（特殊的也只保留 1~2 级齿轮传动）。主轴功率大，调速范围宽，并可无级调速。目前加工中心 95% 以上的主轴传动都采用交流主轴伺服系统，速度可从 10~20000r/min 无级变速。驱动主轴的伺服电动机功率一般都很大，是普通铣床的 1~2 倍。由于采用了交流伺服主轴系统，主轴电动机功率虽大，但输出功率与实际消耗的功率保持同步，因此其工作效率高，又是节能型的设备。

4）加工中心的精度和寿命比一般的机床高。加工中心的导轨都采用了耐磨损材料和新结构，能长期保持导轨的精度，在高速大切削力下，仍然能保证运动部件不振动，低速进给时不爬行以及运动中的高灵敏度。导轨采用淬火硬度大于或等于 57HRC 的钢导轨，与导轨配合面用聚四氟乙烯贴层，这样的处理使其具有摩擦因数小、耐磨性好、减振消声和工艺性好等优点。

5）加工中心设置有刀库和换刀机构。加工中心的刀库容量少的有几把，多的达几百把。这些刀具通过换刀机构自动调用和更换，也可通过控制系统对刀具寿命进行管理。

6）控制系统功能较全。它不但可对刀具的自动加工进行控制，还可对刀库进行控制和管理，实现刀具自动交换。有的加工中心具有多个工作台，工作台可自动交换，不但能对一个工件进行自动加工，而且可对一批工件进行自动加工。这种多工作台加工中心称为柔性制造单元。随着加工中心控制系统的发展，其智能化的程度越来越高，如 FANUC 16i 系统可实现人机对话及在线自动编程；通过彩色显示器与手动操作键盘的配合，还可实现程序的输入、编辑、修改及删除；具有前台操作、后台编辑的前后台同时工作功能；加工过程中可实现在线检测，检测出的偏差可自动修正，保证首件加工一次成功，从而可以防止废品的产生。

5.2 数控镗铣削加工工艺

数控镗铣削加工工艺除了具有在第3章中介绍的共性加工工艺问题之外，还有其独有的特点，具体介绍如下：

5.2.1 数控镗铣削加工工艺分析与设计

数控镗铣削加工工艺分析与设计大致可归纳为以下几个方面：

1. 分析并确定数控镗铣削加工部位及工序内容　数控镗铣削通常进行的是内孔表面、平面、平面轮廓、曲面轮廓的加工。加工方法的选择应综合考虑工件的精度、表面粗糙度、工件材料和热处理条件、工件的结构形状和尺寸大小、生产纲领及设备情况、技术水平等方面。

（1）内孔表面的加工方法　数控加工内孔表面的加工方法有钻孔、扩孔、铰孔、镗孔、攻螺纹及铣孔等，应根据被加工孔的尺寸、加工要求、生产条件、批量大小以及毛坯上是否有预制孔等因素合理选用。

加工精度为 IT9 级的孔：当孔径小于 10mm 时，可采用钻→铰方案；当孔径小于 30mm 时，可采用钻→扩方案；当孔径大于 30mm 时，可采用钻→镗方案。

加工精度为 IT8 级的孔：当孔径小于 20mm 时，可采用钻→铰方案；当孔径大于 20mm、小于 80mm 时，可采用钻→扩→铰方案。

加工精度为 IT7 级的孔：当孔径小于 12mm 时，可采用钻→粗铰→精铰方案；当孔径大于 12mm、小于 60mm 时，可采用钻→扩→粗铰→精铰或钻→扩→拉方案（此方案适用于批量较大的场合）；若毛坯上已有预制孔，可采用粗镗→半精镗→精镗方案。

加工精度为 IT6 级的孔：最终工序可采用精细镗、研磨或珩磨等。

（2）平面的加工方法　数控镗铣削加工平面主要采用面铣刀或立铣刀加工。粗铣的尺寸精度可达 IT11 ~ IT13，$Ra = 6.3 ~ 25\mu m$；精铣的尺寸精度可达 IT8 ~ IT10，$Ra = 1.6 ~ 6.3\mu m$。

（3）平面轮廓的加工方法　当平面轮廓由直线和圆弧组成时，可直接利用数控机床的直线插补和圆弧插补功能编程加工。当平面轮廓为任意曲线时，常用多个直线段或圆弧段逼近曲线编程加工。

（4）曲面轮廓的加工方法　立体曲面的加工应根据曲面形状、刀具形状（球头、柱状、端齿等）以及精度要求采用不同的加工方法，如两轴半、三轴、四轴、五轴等联动加工。

两轴半加工是指 X、Y、Z 三轴中任意两坐标轴作联动插补，第三轴作单独的周期进给，如图 5-11a 所示，而且采用了"行切法"的形式进行加工。

三坐标轴联动是指 X、Y、Z 三轴可以同时插补联动，此时的刀位轨迹是一条空间曲线。三轴联动常用于复杂空间曲面的精确加工，但编程计算过程较为复杂，编程一般由计算机完成，如图 5-11b 所示。

三轴以上的加工编程，通常由计算机完成。图 5-11c 所示为五轴联动加工。

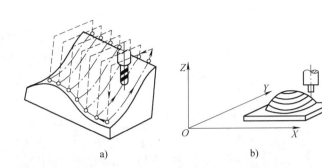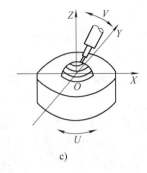

图 5-11　多轴联动进行曲面轮廓加工

a）两轴半联动　b）三轴联动　c）五轴联动

在选择数控铣床和加工中心加工时，还应特别注意优先考虑以下几种情况：

1）工件上的曲线轮廓，特别是由数学表达式给出的非圆曲线或列表曲线等曲线轮廓。

2）已给出数学模型的空间曲面，如球面。

3）形状复杂、尺寸繁多、划线与检测困难的部位。

4）用通用铣床加工时难以观察、测量和控制进给的内外凹槽。

5）尺寸精度要求较高的表面。

6）相互位置精度要求较高的表面。

7）能够集中加工的表面，用数控铣床特别是加工中心加工后，能成倍提高生产率，大大减轻劳动强度的加工内容。

2. 零件结构的工艺性分析

1）内壁圆弧的尺寸。加工轮廓上内壁圆弧的尺寸往往限制刀具的尺寸。如图 5-12a 所示，当工件的被加工轮廓高度 H 较小，内壁之间的过渡圆弧半径 R 较大时，则可采用刀具切削刃长度 L 较小、直径 D 较大的铣刀加工。这样，底面 A 的进给次数较少，表面质量较好，因此，工艺性较好。反之，如图 5-12b 所示，铣削工艺性则较差。

通常，当 $R < 0.2H$ 时，则属工艺性较差。

2）零件上光孔和螺纹的尺寸规格尽可能少，以减少加工时钻头、铰刀及丝锥等刀具的数量，避免出现刀库容量不够的情况。

3）零件结构应具有足够的刚性，以减少夹紧变形和切削变形。

3. 加工顺序的安排

1）对加工精度要求不高，而毛坯质量较高，加工余量不大，生产批量很小的零件或新产品试制中的零件，利用加工中心的良好的冷却系统，可把粗、精

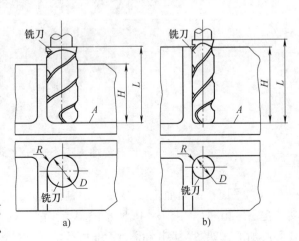

图 5-12　内壁之间过渡圆弧半径

a）R 较大时　b）R 较小时

加工合并进行。但粗、精加工应划分成两道工序分别完成。粗加工用较大的夹紧力，精加工用较小的夹紧力。

2）在加工中心上加工零件，一般都有多个工步，使用多把刀具，因此加工顺序安排得是否合理，直接影响到加工精度、加工效率、刀具数量和经济效益。在安排加工顺序时同样要遵循"基面先行"、"先粗后精"、"先主后次"及"先面后孔"的一般工艺原则。此外还应考虑：

①减少换刀次数，节省辅助时间。一般情况下，每换一把新的刀具后，应通过移动坐标，回转工作台等将由该刀具切削的所有表面全部完成。

②每道工序尽量减少刀具的空行程移动量，按最短路线安排加工表面的加工顺序。

安排加工顺序时可参照采用的加工顺序为：铣大平面→粗镗孔、半精镗孔→立铣刀加工→中心孔加工→钻孔→攻螺纹→平面和孔精加工（精铣、铰、镗等）。

5.2.2　数控镗铣削加工刀具

1. 数控镗铣削加工刀具的基本要求

1）良好的切削性能。能承受高速切削和强力切削并且性能稳定。

2）较高的精度。刀具的精度指刀具的形状精度和刀具与装夹装置的位置精度。

3）配备完善的工具系统。满足多刀连续加工的要求。

加工中心所使用刀具的刀头部分与数控铣床所使用的刀具基本相同，刀柄部分与一般数控铣床用刀柄部分不同，加工中心用刀柄带有夹持槽供机械手夹持。

2. 常用镗铣削刀具　如图 5-13 所示，镗铣削加工刀具按工艺用途可分为铣削类、镗削类、钻削类等几类刀具，按加工对象分为以下几种：

图 5-13　加工面形状与铣刀

（1）平面、曲面加工类刀具　镗铣削加工可用于复杂曲面的铣削，铣刀的种类繁多，功能也不尽相同。如图 5-14a 所示的圆周铣削刀具（圆柱形铣刀）既适合于平面加工，也适合侧面加工；如图 5-14b 和图 5-15a 所示的端面铣削刀具（盘铣刀、面铣刀）适合于大面积平面加工。

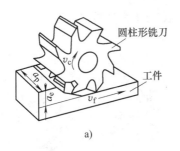 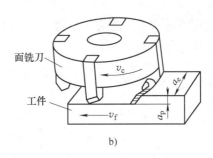

图 5-14　周铣与面铣

a）周铣　b）面铣

1）立铣刀。立铣刀是数控铣床上用得最多的一种铣刀，如图 5-15b 所示。圆柱表面的切削刃为主切削刃，端面上的切削刃为副切削刃，它们可同时进行切削，也可单独进行切削。普通立铣刀端面中心处无切削刃，不能作轴向进给，通常与钻头或键槽铣刀配合使用。

2）键槽铣刀。键槽铣刀有两个刀齿，如图 5-15c 所示。圆柱面和端面都有切削刃，端面刃延至中心，加工时先轴向进给达到槽深，然后沿键槽方向铣出键槽全长。

3）三面刃铣刀。如图 5-15d 所示，三面刃铣刀是外圆及两端面都带刀齿的盘形铣刀，用于台阶面和槽形面的铣削加工。

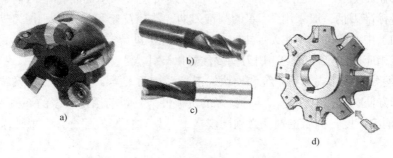

图 5-15　几种常用铣刀（一）

a）面铣刀　b）立铣刀　c）键槽铣刀　d）三面刃铣刀

4）成形铣刀。如图 5-16a 所示，成形铣刀一般都是为特定的成形面加工而专门设计制造的，如角度面、特形孔等。

5）球头铣刀。如图 5-16b 所示，球头铣刀适合于曲面类零件的加工。

6）鼓形铣刀。如图 5-16c 所示，鼓形铣刀多用于安装面倾斜的表面进行三坐标加工。

（2）孔加工类刀具　镗铣削加工可进行钻孔、扩孔和镗孔加工。钻头分为整体式钻头（见图 5-17a）和机夹式钻头；扩孔钻用于对铸造孔和预加工孔的加工，有些扩孔钻的直径还可进行调整，可满足一定范围内不同孔径的要求。图 5-17b 所示的镗刀用于孔的精加工。

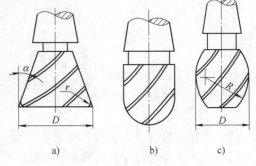

图 5-16　几种常用铣刀（二）

a）成形铣刀　b）球头铣刀　c）鼓形铣刀

加工中心用的镗刀通常采用模块式结构，通过高精度的调整装置调节镗刀的径向尺寸，可加工出高精度的孔，如图 5-18 所示。

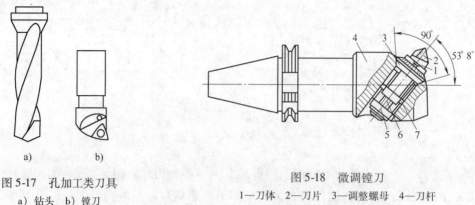

图 5-17　孔加工类刀具

a）钻头　b）镗刀

图 5-18　微调镗刀

1—刀体　2—刀片　3—调整螺母　4—刀杆

5—螺母　6—拉紧螺钉　7—导向键

3. 刀具的选择　根据加工工件的材料和形状、加工精度和效率的要求，选择刀具的材料、类型和几何尺寸是数控加工工艺设计的重要内容。下面就从刀柄和刀头两部分来分析刀具的选择。

（1）刀柄的选择　数控铣床和加工中心刀具装夹时采用的是标准刀柄夹持机构，如图 5-19 所示。标准刀柄一般采用 7∶24 的圆锥刀柄，数控铣床和加工中心用刀柄已经系列化和标准化。加工中心的刀具装在刀库中，按程序的规定进行自动换刀，其锥柄部分和机械手抓拿部分都有相应的国家标准。选用刀柄要注意以下几点：

1）刀柄分为整体式工具系统和模块式工具系统两大类。模块式工具系统由于其定位精度高，装卸方便，连接刚性好，具有良好的抗振性，是目前用得较多的一种形式。

2）刀柄的锥度与机床主轴孔必须同规格，且具有良好的配合，一般要求配合面接触度在 70% 以上。

3）刀柄的淬火硬度一般应比主轴孔的硬度低，否则会损坏主轴孔的精度。

4）所选择的刀柄与其他机床具有通用性。

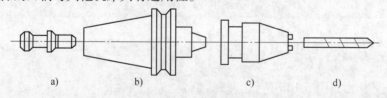

图 5-19　刀柄与刀具

a）拉钉　b）刀柄　c）连接器　d）刀具

刀柄的一般形式如图 5-20 所示。

（2）刀头的选择

1）选择适合的刀具形状和精度，以满足零件形状精度和尺寸精度的加工要求。

2）选择适合的刀片材料和刀片形状，以充分发挥刀具的切削性能。

3）刀具几何尺寸的选择则需根据加工条件具体确定。

5.2.3 数控镗铣削加工的定位与夹具的选择

由于数控镗铣床具有较好的加工柔性，相对于普通镗铣床而言，数控镗铣床夹具一般都不复杂，只要求有简单的定位、夹紧机构就可以了。

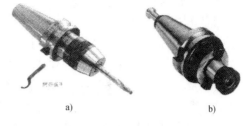

图 5-20　刀柄的一般形式
a) 钻夹头刀柄　b) 面铣刀刀柄

1. 数控镗铣削加工的定位与夹具选择的注意事项

1) 进行多工位加工时，定位基准的选择应考虑能一次装夹尽可能完成零件上较多表面的加工，以满足加工中心工序集中的特点。

2) 为了保持工件在本次定位装夹中所有需要完成的待加工面充分暴露在外，夹具要尽量敞开，必须给刀具运动轨迹留有空间，不能与各工步刀具轨迹发生干涉。

3) 自动换刀和交换工作台时不能与夹具或工件发生干涉。

4) 夹具的刚性与稳定性要好。尽量不采用在加工过程中更换夹紧点的设计。

2. 夹具的选择　在数控铣床和加工中心上，夹具的任务不仅是装夹零件，而且要以定位基准为参考基准，确定零件的加工原点。数控铣床和加工中心上装夹工件常用的方法如下：

1) 用压板螺栓直接把工件装夹在铣床工作台面，如图 5-21 所示。

2) 用平口钳装夹，其适用于形状比较规则的零件的装夹，如图 5-22a 所示。

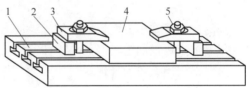

图 5-21　压板螺栓直接装夹
1—工作台　2—支承板　3—压板
4—工件　5—双头螺栓

3) 用数控分度转台装夹，可实现工件的转动进给运动，如加工螺旋槽，如图 5-22b 所示。

单件小批量生产时，多采用组合夹具（见图 5-22c）、通用夹具，以节省费用，缩短生产准备时间；成批生产时，可使用专用夹具；批量较大时，可采用气动、液动或多工位夹具，以提高加工效率。

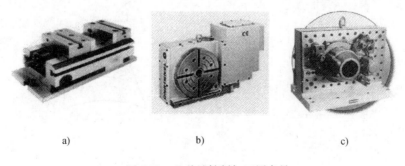

图 5-22　几种镗铣削加工用夹具
a) 平口钳　b) 数控分度转台　c) 孔系组合夹具

5.2.4 数控镗铣削加工进给路线的设计

数控加工进给路线的设计在第3章中已介绍了切入切出路线设计、进给路线的确定原则等共性问题。常用的铣削方式介绍如下：

1. 顺铣与逆铣 在铣削加工中，采用顺铣还是逆铣方式是影响加工表面粗糙度的重要因素之一。逆铣时切削力的水平分力的方向与进给运动方向相反，顺铣时切削力的水平分力的方向与进给运动的方向相同。铣削方式的选择应视零件图样的加工要求，工件材料的性质、特点以及机床、刀具等条件综合考虑。通常，由于数控机床传动采用滚珠丝杠结构，其进给传动间隙很小，因此，顺铣的工艺性优于逆铣。

图5-23所示为采用顺铣和逆铣时刀具的受力情况。

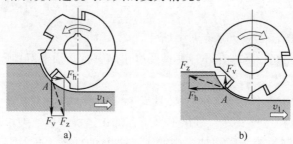

图 5-23　顺铣和逆铣切削方式
a）顺铣　b）逆铣

同时，为了减小表面粗糙度值，增加刀具寿命，对于铝镁合金、钛合金和耐热合金等材料，尽量采用顺铣加工。但如果零件毛坯为钢铁材料的锻件或铸件，表皮硬而且余量一般较大，这时采用逆铣较为合理。

2. 行切法与环切法

（1）行切法 所谓行切法是指刀具与零件轮廓的切点轨迹是一行一行的，而行间的距离是按零件加工精度的要求确定的。对于边界敞开的曲面加工，可采用两种加工路线：采用图5-24a所示的路线，每次沿直线进给，刀位点计算简单，程序少，加工纹路与工件母线吻合，直线度好；采用5-24b所示的路线，加工路线符合曲面的形成，便于检验，曲面准确，但程序较多。

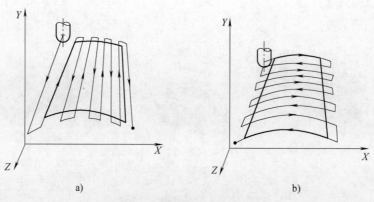

图 5-24　行切法加工曲面轮廓

（2）环切法　所谓环切法是指刀具运动轨迹是一组与加工曲面近似或等距的封闭曲线。它主要用于封闭环状曲面的切削加工，如第 3 章图 3-23b 所示。具体环切轨迹又可分为等距环切、依外形环切、螺旋环切、由内向外环切和由外向内环切等。

5.2.5　数控镗铣削加工切削用量的确定

数控铣床和加工中心切削用量的选择原则是：在保证零件加工精度和表面粗糙度以及合理的刀具寿命的前提下，充分发挥刀具切削性能和机床的性能，最大限度地提高生产率，降低成本。切削用量的选择方法是：先选取背吃刀量或侧吃刀量，其次确定进给速度，最后确定切削速度。

粗加工时，首先选取尽可能大的背吃刀量，其次根据机床动力和刚性的限制条件等，选取尽可能大的进给量，最后根据刀具寿命确定最佳的切削速度；精加工时，首先根据粗加工后的余量确定背吃刀量，其次根据已加工表面的粗糙度要求，选择较小的进给量，最后在保证刀具寿命的前提下，选择较高的切削速度。

5.3　数控铣床和加工中心编程

5.3.1　数控铣床和加工中心编程的特点

数控铣床和加工中心编程步骤与第 3 章所述基本相同，编程方法也基本相同，但由于加工中心的加工特点，要注意换刀程序的应用。不同的加工中心，其换刀过程是不完全一样的，通常选刀和换刀可分开进行。换刀完毕起动主轴后，方可进行下面程序段的加工内容。选刀动作可与机床的加工重合起来，即利用切削时间进行选刀。多数加工中心都规定了固定的换刀点位置，各运动部件只有移动到这个位置，才能开始换刀动作。数控铣床和加工中心编程还应着重考虑以下问题：

1）自动换刀和手动换刀。加工批量等情况决定了换刀形式。当加工批量在 10 件以上，而刀具更换又比较频繁时，宜采用自动换刀。但当加工批量很小而使用的刀具种类又不多时，把自动换刀安排到程序中，反而会增加机床的调整时间。

2）足够的换刀空间。有些刀具直径较大或长度较长，自动换刀时要有足够的换刀空间，避免发生撞刀。

3）尽量采用刀具机外预调。将测量尺寸填写到刀具卡片中，以便于操作者在运行程序前及时修改刀具补偿参数，提高机床利用率。

4）认真检查程序。由于手工编程比自动编程出错率要高，特别是在生产现场，为临时加工而编程时，出错率更高，因此认真检查程序并安排好试运行非常必要。

5）尽量采用子程序。当零件加工工序较多时，为了便于程序的调试，一般将各工序内容分别安排到不同的子程序中，主程序主要完成换刀及子程序的调用。这种安排便于按每一工序独立调试程序，也便于因加工工序不合理而作出重新调整。

6）数控铣床和加工中心的数控系统具有多种插补方式和其他功能，一般都具有直线插补和圆弧插补，有的还具有极坐标插补、抛物线插补、螺旋线插补等多种插补功能，还有刀具补偿、固定循环、比例缩放等功能。编程时要合理充分地选择这些功能，以提高加工精度和效率。

7）曲线、空间曲线和曲面轮廓铣削加工的数学处理比较复杂，一般要采用计算机辅助计算和自动编程。

5.3.2 数控铣床和加工中心系统功能指令概述

数控铣床和加工中心指令与数控车床大体上是一样的，只是在运用中由于坐标系多了 Y 坐标而内容有所增加和不同。有的指令在用法上有区别，也有个别指令是独有的。

数控铣床和加工中心的编程指令跟数控车床一样，也分为"模态代码"和"非模态代码"。定义移动的代码通常是"模态代码"，像直线、圆弧和循环代码。每一个代码都归属其各自的代码组。在"模态代码"里，当前的代码会被加载的同组代码替换。

与数控车床一样，数控铣床和加工中心系统功能指令主要有准备功能 G 代码、辅助功能 M 代码和 F、S、T 功能代码。本章主要介绍 FANUC 0i 系列数控系统的铣床和加工中心功能指令。

1. 准备功能（G 功能）　常用准备功能见表 5-1。

表 5-1　常用准备功能

代码	功　　能	附注	代码	功　　能	附注
G00	快速定位	模态	G59	第六工件坐标系设置	模态
G01	直线插补	模态	G65	宏程序调用	非模态
G02	顺时针圆弧插补	模态	G66	宏程序模态调用	模态
G03	逆时针圆弧插补	模态	G67	宏程序模态调用取消	模态
G04	暂停	非模态	G68	坐标旋转有效	模态
G17	XY 平面选择	模态	G69	坐标旋转取消	模态
G18	ZX 平面选择	模态	G73	深孔钻孔循环	模态
G19	YZ 平面选择	模态	G74	左旋攻螺纹循环	模态
G20	英制（in）	模态	G76	精镗循环	模态
G21	米制（mm）	模态	G80	固定循环取消	模态
G27	参考点返回检查	非模态	G81	钻孔循环	模态
G28	参考点返回	非模态	G82	钻孔循环或反镗循环	模态
G29	从参考点返回	非模态	G83	深孔钻循环	模态
G30	返回第 2、3、4 参考点	非模态	G84	攻螺纹循环	模态
G33	螺纹切削	模态	G85	镗孔循环	模态
G40	刀具半径补偿取消	模态	G86	镗孔循环	模态
G41	刀具半径左补偿	模态	G87	背镗循环	模态
G42	刀具半径右补偿	模态	G88	镗孔循环	模态
G43	刀具长度正补偿	模态	G89	镗孔循环	模态
G44	刀具长度负补偿	模态	G90	绝对坐标编程	模态
G49	刀具长度补偿取消	模态	G91	增量坐标编程	模态
G50	比例缩放取消	模态	G92	设置工件坐标系	非模态
G51	比例缩放有效	模态	G94	每分进给	模态
G54	第一工件坐标系设置	模态	G95	每转进给	模态
G55	第二工件坐标系设置	模态	G96	恒表面速度控制	模态
G56	第三工件坐标系设置	模态	G97	恒表面速度控制取消	模态
G57	第四工件坐标系设置	模态	G98	固定循环返回到初始点	模态
G58	第五工件坐标系设置	模态	G99	固定循环返回到 R 点	模态

2. 辅助功能（M 功能） 数控铣床和加工中心 M 功能与数控车床基本相同，表5-2 所示为数控铣床和加工中心 FANUC 0i 系列常用的辅助功能代码。

表 5-2 常用辅助功能

代码	功 能		代码	功 能	
M00	程序停止	A	M07	切削液打开(雾状)	W
M01	程序选择停止	A	M08	切削液开	W
M02	程序结束	A	M09	切削液关	A
M03	主轴顺时针旋转(正转)	W	M19	主轴准停	A
M04	主轴逆时针旋转(反转)	W	M30	程序结束并返回	A
M05	主轴停止	A	M98	子程序调用	A
M06	换刀	W	M99	子程序结束，并返回主程序	A

注：M 代码分为前指令码（表中 W）和后指令码（表中 A），前指令码和同一程序段中的移动指令同时执行，后指令码在同段的移动指令执行完后才执行。

3. F、S、T 功能 数控铣床和加工中心 F、S、T 功能与数控车床大体一样，主要区别有：

（1）进给速度功能（F 功能） 在数控车床中，G99 为每转进给模式，G98 为每分钟进给模式；但在数控铣床和加工中心中，每转进给模式的指令是 G95，每分钟进给模式是 G94。

（2）刀具功能（T 功能） 在数控铣床和加工中心加工时，由于数控铣床没有自动换刀装置，只能手动换刀，所以这里的刀具功能 T 只用于加工中心。

加工中心常用的刀具库有两种：一种是圆盘形，另一种为链条形。换刀的方式分无机械手式和有机械手式两种。

无机械手方式换刀是刀库靠向主轴，先卸下主轴上的刀具，刀库再旋转至欲换刀的刀具位置，上升装上主轴。此种刀库以圆盘形较多，且是固定刀号式（即 1 号刀必须插回 1 号刀套内），故换刀指令的方式如下：

M06 T02；

执行该指令时，主轴上的刀具先装回刀库，再旋转至 2 号刀位，将 2 号刀装上主轴。

有机械手式换刀大都配合链式刀库且是无固定刀号式，即 1 号刀不一定插回 1 号刀套内，其刀库上的刀号与设定的刀号由可编程序控制器 PLC 管理。此种换刀方式的 T 指令后面的数字代表欲调用刀具的号码。当 T 代码被执行时，被调用的刀具会转至准备换刀位置（称为选刀），但无换刀动作，因此 T 指令可在换刀指令 M06 之前即设定，以节省换刀时等待刀具的时间。故有机械手的换刀程序指令常如下：

T01；　　　　（1 号刀转至换刀位置）

……

M06 T02；　　（将 1 号刀换到主轴上，2 号刀转至换刀位置）

……

M06；　　　　（将 2 号刀换到主轴上）

执行刀具交换时，并非刀具在任何位置均可交换，各制造厂商依其设计不同，均在一安全位置实施刀具交换动作，避免与工件、机床或机床上的附件发生碰撞。Z 轴的机床原点位置是远离工件最远的安全位置，故一般以 Z 轴先返回机床原点后，才能执行换刀指令。

5.3.3 常用编程指令

数控铣床和加工中心编程中除了要用到第 4 章介绍的常用的功能指令外，还有一些比较特殊的功能指令，下面选择部分作介绍。

1. 工件坐标系的设定指令（G92、G54） 数控机床开机后一般需要"回零"操作实现回机床参考点以建立机床坐标系，建立机床坐标系后即可建立工件坐标系。

工件坐标系设定指令是规定工件坐标系原点的指令，用以确定刀具刀位点在坐标系中的坐标值。

（1）工件坐标系建立指令 在数控车床中，设定坐标系指令是 G50，在这里对应的是 G92。

指令格式：G92 X __ Y __ Z __；

其中，X、Y、Z 为刀位点在工件坐标系中的初始位置，程序内绝对指令中的坐标数据就是在工件坐标系中的坐标值。

如图 5-25 所示，使用 G92 指令建立工件坐标系的程序段为：

N010 G92 X30.0 Y30.0 Z20.0；

该程序段的含义是指刀具在当前所需建立的坐标系中的坐标为（30，30，20）。该坐标系的位置实际上与工件所安装的位置无关，而与刀具在机床坐标系中的位置产生相对联系。

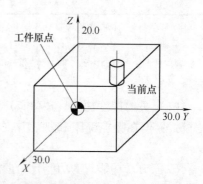

图 5-25 G92 建立工件坐标系

（2）坐标系偏置指令（工件坐标系原点设置选择指令）

指令格式：G54（G54～G59）；

G54～G59 坐标系偏置指令是将欲设置的工件原点在机床坐标系中的坐标值输入到机床偏置页面中去，在程序中直接调用即可。

G92 与 G54～G59 指令建立工件坐标系的区别见表 5-3。

表 5-3 G92 与 G54～G59 指令建立工件坐标系的区别

指令	格式	设置方式	与刀具当前位置关系	数目
G92	G92 X _ Y _ Z _	在程序中设置	有关	1
G54～G59	G54（G55、G56、G57、G58、G59）	在机床偏置页面中设置	无关	6

注意：1）G54～G59 是在加工前设定好的坐标系，而 G92 是在程序中设定的坐标系，用了 G54～G59 就没有必要再使用 G92，否则 G54～G59 会被替换。

2）使用 G92 的程序结束后，若机床没有回到 G92 设定的起刀点，就再次启动此程序，刀具当前所在位置就成为新的工件坐标系下的起刀点，这样易发生事故。

图 5-26 为用 G54 设立一个工件坐标系的示例，程序如下：

G90 G54；

G00 X10.0 Y25.0；   点 O→点 A

G01 X60.0 Y40.0 F150；   点 A→点 B

……

2. 坐标平面选择指令（G17、G18、G19） 平面选择指令 G17、G18、G19 分别用来指定程序段中刀具的圆弧插补平面和刀具半径补偿平面。在笛卡儿直角坐标系中，三个互相垂直的轴 *X*、*Y*、*Z* 分别构成三个平面，如图 5-27 所示。G17 表示选择在 *XY* 平面内加工，G18 表示选择在 *ZX* 平面内加工，G19 表示选择在 *YZ* 平面内加工。

立式数控铣床大都在 *XY* 平面内加工，G17 为默认指令，编程时可以省略。

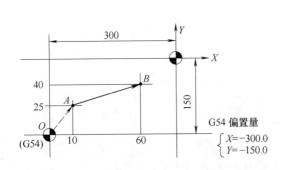

图 5-26　G54 设定工件坐标系示例

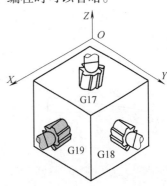

图 5-27　坐标平面选择

3. 绝对坐标和增量坐标编程（G90/G91） G90 为绝对坐标位置尺寸编程，G91 为增量坐标尺寸编程。G90 表示程序段中的尺寸值为绝对坐标值，即从编程零点开始的坐标值。执行 G90 后，以后所有输入的坐标值全部是以编程零点为基准的绝对坐标值，并且一直有效，直到在后面的程序段中由 G91（增量坐标位置输入数据）替代为止。

在第 3 章图 3-8a 中，*A*、*B*、*C* 点位置采用绝对坐标尺寸标注，在编程时采用 G90 方式比较方便；而在图 3-8b 中采用相对坐标尺寸标注，宜采用 G91 方式编程。

在数控车床编程时，X、Z 为目标点绝对坐标，一般对用使用 U、W 为增量值编程方式，可不写 G91 指令。

4. 基本移动指令（G00、G01、G02/03） 数控铣床和加工中心基本移动指令与数控车床一样，主要有快速点定位、直线插补和圆弧插补。

（1）G00 快速点定位

指令格式：G00 X ＿ Y ＿ Z ＿；

其中，X、Y、Z 为目标点坐标值。当三个坐标值均不为 0 时，实现三轴联动。

G00 只用于快速定位，不能用于切削加工。

（2）G01 直线插补

指令格式：G01 X ＿ Y ＿ Z ＿ F ＿；

其中，X、Y、Z 为目标点坐标值，F 为进给速度，各轴实际进给速度是 F 在该轴上的投影分量。

（3）G02/03 圆弧插补

在 *XY* 平面上的圆弧指令格式：G17 G02（G03）X ＿ Y ＿ I ＿ J ＿ F ＿；

在 *XZ* 平面上的圆弧指令格式：G18 G02（G03）X ＿ Z ＿ I ＿ K ＿ F ＿；

在 *YZ* 平面上的圆弧指令格式：G19 G02（G03）Y ＿ Z ＿ J ＿ K ＿ F ＿；

或 G17 G02（G03）X ＿ Y ＿ R ＿ F ＿；
G18 G02（G03）X ＿ Z ＿ R ＿ F ＿；
G19 G02（G03）Y ＿ Z ＿ R ＿ F ＿；

其中，X、Y、Z 为圆弧终点坐标，增量坐标 G91 状态下终点坐标为相对圆弧起点的增量值；如图 5-28 所示，I、J、K 为圆心在 X、Y、Z 轴上相对于圆弧起点的坐标；F 规定了沿圆弧切向的进给速度，R 为圆弧半径值。

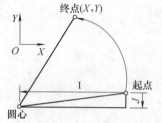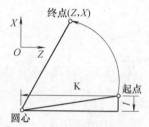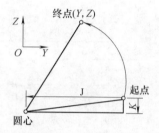

图 5-28　I、J、K 的数值

顺圆与逆圆判别、R 值正负判别见第 4 章图 4-22 和图 4-23。

当三个坐标值均不为 0 时，实现螺旋线加工，其格式与圆弧加工指令格式基本相同，但刀具除了在给定平面内进行圆弧插补外，还应加上旋线高度方向的 Z 轴同步插补运动。

指令格式：G17 G02（G03）X ＿ Y ＿ Z ＿ I ＿ J ＿（R ＿）K ＿ F ＿；

其中，X、Y、Z 为螺旋线的终点坐标；I、J 为圆心在 X、Y 轴上的坐标，是相对螺旋线起点的增量坐标；R 为螺旋线半径，与 I、J 形式两者取其一；K 为螺旋线的导程。

5. 刀具半径补偿指令（G40、G41、G42）　刀具半径补偿用 G17、G18、G19 指令在被选择的工作平面内进行补偿。比如 G17 命令执行后，刀具半径补偿仅影响 X、Y 轴移动，对 Z 轴不起补偿作用。

G41 为刀具半径左补偿指令，编程格式为：G41 D ＿；

G42 为刀具半径右补偿指令，编程格式为：G42 D ＿；

其中，D 后面的两位数字表示刀具半径补偿值所存放的地址，即刀具补偿值在刀具参数表中的编号。

G40 为刀具半径补偿取消指令。使用该指令后，G41、G42 指令无效。G40 必须和 G41 或 G42 成对使用。

刀具半径补偿方向的判定方法：沿刀具运动方向看，刀具在被切零件轮廓边左侧即为刀具半径左补偿，用 G41 指令；否则，便为右补偿，用 G42 指令，如图 5-29 所示。

刀具半径补偿的过程分为以下三步：

1）刀具半径补偿建立。刀具中心从与编程轨迹重合过渡到与编程轨迹偏离一个偏置量的过程。

2）刀具半径补偿进行。执行 G41、

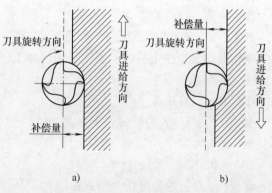

图 5-29　刀具半径补偿
a）左补偿　b）右补偿

G42 指令后，刀具中心始终与编程轨迹相距一个偏置量。

3）刀具半径补偿取消。刀具离开工件，刀具中心轨迹要过渡到与编程轨迹重合的过程。

刀具半径补偿的建立、进行与取消过程如图 5-30 所示。

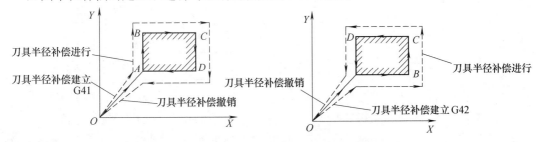

图 5-30　刀具半径补偿的建立、进行与取消过程

利用刀具半径补偿编程时应注意：

1）从无刀具半径补偿的状态进入刀具半径补偿状态的过程中，必须使用 G00 或 G01 指令，不能使用 G02 或 G03 指令；刀具半径补偿撤消时，也要使用 G00 或 G01 指令。

2）G41、G42 不能重复使用，即在程序中前面有了 G41 或 G42 指令之后，不要直接使用 G42 或 G41 指令。若想使用，先用 G40 指令解除原补偿状态后，再使用 G42 或 G41，否则补偿就可能不正常。

3）可以通过改变刀具半径补偿值，用同一个加工程序对零件轮廓进行粗、精加工。

例 5-1　采用直径为 8mm 的立铣刀，对图 5-31 所示零件进行轮廓加工（Z 向不进给），要求利用刀具半径补偿指令编程，刀具补偿的地址为 D01。

O0010
N0010 G54 G00 X0 Y0 M03 S600；　　　　　主轴正转，转速 600r/min
N0020 G90 G42 X50.0 Y60.0 D01；　　　　快速点定位到（50，60）点，建立刀具半径右补偿
N0030 G01 X150.0 F150；　　　　　　　　直线插补至点（150，60），进给速度为 150mm/min
N0040 G03 X150.0 Y140.0 R40.0 F100；　逆时针圆弧插补，进给速度为 100mm/min
N0050 G01 X50.0 F150；　　　　　　　　　直线插补至点（50，140），进给速度为 150mm/min
N0060 Y60.0；　　　　　　　　　　　　　直线插补至点（50，60）
N0070 G40 G00 X0 Y0；　　　　　　　　　快速点定位到（0，0），取消刀具半径补偿
N0080 M05；　　　　　　　　　　　　　　主轴停转
N0090 M30；　　　　　　　　　　　　　　程序停止

6. 刀具长度补偿（G43、G44、G49）　由于刀具长度变化，使得刀位点轨迹和工件轮廓不重合，此时可以采用刀具长度补偿予以修正，如图 5-32 所示。图中，δ 为补偿量。

G43 为刀具长度正补偿，编程格式为：G43 H ___；

G44 为刀具长度负补偿，编程格式为：G44 H ___；

G49 为取消刀具长度补偿，编程格式为：G49；

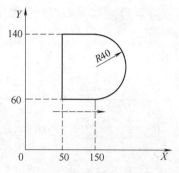

图 5-31　刀具半径补偿应用举例

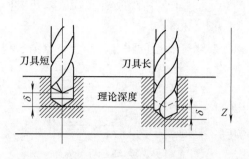

图 5-32　刀具长度补偿示意图

其中，H 后面的两位数字表示刀具长度补偿值所存放的地址，即刀具长度补偿值在刀具参数表中的编号；无论是绝对坐标还是增量坐标形式编程，在用 G43 时，用已存放在刀具参数表中的数值与 Z 坐标相加；在用 G44 时，用已存放在刀具参数表中的数值与 Z 坐标相减。

刀具长度补偿有如下两种方式：

（1）用刀具的实际长度作为补偿值　用刀具的实际长度作为补偿值就是使用对刀仪测量刀具的长度，然后把这个数值输入到刀具长度补偿寄存器中。使用刀具实际长度作为补偿值可以避免在不同的工件加工中不断地修改刀具长度偏置值。这样一把刀具用在不同的工件上也不用修改刀具长度偏置值，可以让机床一边进行加工运行，一边在对刀仪上进行其他刀具的长度测量，而不必因为在机床上对刀而占用机床运行时间，这样可以充分发挥机床的效率。

（2）利用刀尖在 Z 方向上与编程零点的距离值作为补偿值　使用这种方法进行刀具长度补偿时，补偿值就是主轴从机床 Z 坐标零点移动到工件编程零点时的刀尖移动距离，因此补偿值总是负值而且很大。

例 5-2　加工图 5-33 所示的孔，已知钻头比标准对刀杆短了 10mm，即 H01 = 10mm。

O0003

N0010 G91 G00 X90 Y115.0 M03 S600；	增量编程，主轴正转，转速 600r/min
N0020 G44 Z – 32.0 H01；	刀具下移 32mm，调用刀具长度正补偿 H01
N0030 G01 Z – 48.0 F100 M08；	Z 向进给 48mm，进给速度 100mm/min，切削液开
N0040 G04 P2000；	孔底暂停 2s
N0050 G00 Z48.0；	刀具抬起 48mm
N0060 X55 Y – 60.0；	刀具快速定位
N0070 G01 Z – 68.0 F100；	Z 向进给 68mm
N0080 G00 Z68.0；	刀具抬起 68mm
N0090 X65.0 Y40.0；	刀具快速定位
N0100 G01 Z – 55.0 F100；	Z 向进给 55mm
N0110 G04 P2000；	孔底暂停 2s

N0120 G00 G49 Z55.0；   刀具抬起 55mm，取消刀具长度补偿
N0130 X－210.0 Y－95.0；   刀具返回起始点
N0140 M05；   主轴停转
N0150 M30；   程序停止

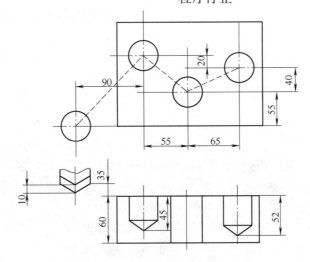

图 5-33 刀具长度补偿应用举例

7. 参考点相关指令（G27、G28、G29） 这里的 G27、G28、G29 指令与第 4 章图 4-26 所示的指令类似，请参阅。

8. 子程序编程 某些被加工零件中会出现几何形状完全相同的加工轨迹，或者在机床夹具中有几个相同的零件，需要依次加工。在程序编制中，将重复的程序段单独编制一个子程序，供主程序调用，可使程序简单化。主程序执行过程中如果需要某一个子程序，可以通过一定格式的子程序调用指令来调用该子程序，执行完后返回到主程序，继续执行后面的程序段。

（1）子程序的调用格式 各种数控系统的子程序调用指令不尽相同，FANUC 系统的指令格式为：M98 P×××× L××××；

其中，P 后面的 4 位数字为子程序号；L 后面的 4 位数字为重复调用次数，省略时默认为调用一次。

（2）子程序的编程格式 子程序的格式与主程序相同，在子程序的开头编制子程序号，在子程序的结尾用 M99 指令返回主程序。编程格式为：

O××××；

……

M99；

（3）子程序的嵌套 为了进一步简化程序，可以让子程序调用另一个子程序，称为子程序的嵌套，如第 3 章图 3-32 所示。

例5-3 如图 5-34 所示，加工两个相同的工件。Z 轴开始点为工件上方 50mm 处，背吃刀量为 5mm。加工 2 号工件，加工顺序为①→②→③→④→⑤→⑥→⑦→⑧→⑨→⑩。

主程序：

O0004

N10 G90 G54 G00 X0 Y0 S1000 M03;	绝对方式编程，调用 G54 坐标系
N20 Z50.0;	刀具快速移动到 $Z = 50$ 处
N30 M98 P100;	调用子程序 O0100
N40 G90 G00 X80.0;	刀具快速移动到 $X = 80$ 处
N50 M98 P100;	调用子程序 O0100
N60 G90 G00 X0 Y0 M05;	刀具返回（0，0）处，主轴停转
N70 M30;	程序结束

子程序：

O0100

N10 G91 G00 Z – 45.0;	相对方式编程，刀具快速向下移动 45mm
N20 G41 X40.0 Y20.0 D01;	刀具快速移动到（40，20）处，建立刀具半径左补偿
N30 G01 Z – 10.0 F100.0;	刀具向下切入工件，背吃刀量为 5mm，进给速度 100mm/min
N40 Y30.0;	刀具沿 Y 轴正向移动 30mm
N50 X – 10.0;	刀具沿 X 轴负向移动 10mm
N60 X10.0 Y30.0;	刀具沿 X 轴正向移动 10mm、Y 轴正向移动 30mm
N70 X40.0;	刀具沿 X 轴正向移动 40mm
N80 X10.0 Y – 30.0;	刀具沿 X 轴正向移动 10mm，Y 轴负向移动 30mm
N90 X – 10.0;	刀具沿 X 轴负向移动 10mm
N100 Y – 20.0;	刀具沿 Y 轴负向移动 20mm
N110 X – 50.0;	刀具沿 X 轴负向移动 50mm
N120 Z55.0;	刀具沿 Z 轴正向抬起 55mm
N130 G40 X – 30.0 Y – 30.0;	刀具沿 X 轴负向、Y 轴负向各移动 30mm，取消刀具半径补偿
N140 M99;	子程序结束，返回主程序

9. 比例缩放指令及镜像功能（G50、G51）　比例缩放及镜像功能可使原编程尺寸按指定比例缩小或放大，也可让图形按指定规律产生镜像变换。

G51 为比例缩放编程指令，G50 为撤消比例缩放编程指令。

（1）各轴按相同比例缩放编程　编程格式为：

G51 X ＿ Y ＿ Z ＿ P ＿；

其中，X、Y、Z 为比例中心坐标（绝对方式）；P 为比例系数，最小输入量为 0.001，比例系数的范围为：0.001～999.999。该指令以后的移动指令，从比例中心点开始，实际移动量为原数值的 P 倍。P 值对偏移量无影响。

例如，在图 5-35 中，$P_1 \sim P_4$ 为原编程图形，$P_{1'} \sim P_{4'}$ 为比例编程后的图形，P_0 为比例中心。

（2）各轴以不同比例缩放及镜像功能　各个轴可以按不同比例来缩小或放大，当给定的比例系数为 –1 时，可获得镜像加工功能。

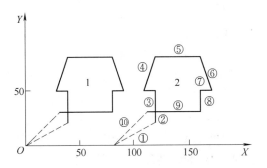

图 5-34 加工相同工件的时子程序的应用举例

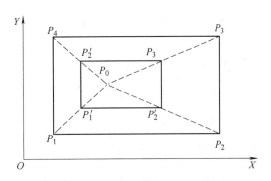

图 5-35 各轴按相同比例缩放编程

编程格式为：G51 X __ Y __ Z __ I __ J __ K __；

其中，X、Y、Z 为比例中心坐标；I、J、K 为对应 X、Y、Z 轴的比例系数，在 ±0.001 ~ ±9.999 范围内。本系统在设定 I、J、K 时不能带小数点，比例为 1 时，应输入 1000，并在程序中 I、J、K 都应输入，不能省略。比例系数与图形的关系如图 5-36 所示，其中，b/a 为 X 轴系数；d/c 为 Y 轴系数；O 为比例中心。

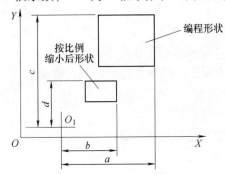

图 5-36 各轴以不同比例缩放编程

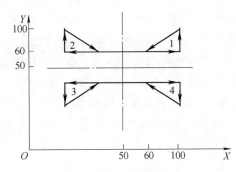

图 5-37 镜像功能应用举例

例 5-4 如图 5-37 所示，应用镜像功能编写 4 个相互对称的三角形槽的加工程序，其中槽深为 2mm，比例系数取为 1 或 -1（输入为 +1000 或 -1000）。设刀具起始点为点 O，则加工程序如下：

O9000	加工三角形槽 1 的子程序
N10 G00 X60.0 Y60.0；	到三角形左顶点
N20 G01 Z -2.0 F100；	切入工件
N30 G01 X100.0 Y60.0；	切削三角形第一条边
N40 X100.0 Y100.0；	切削三角形第二条边
N50 X60.0 Y60.0；	切削三角形第三条边
N60 G00 Z4；	向上抬刀
N70 M99；	子程序结束
主程序：O0100	
N10 G92 X0 Y0 Z10.0；	建立加工坐标系
N20 G90；	选择绝对方式
N30 M98 P9000；	调用 9000 号子程序切削三角形 1

N40 G51 X50.0 Y50.0 I－1000 J1000；　　　以（X50，Y50）为比例中心，以 X 轴比例
　　　　　　　　　　　　　　　　　　　　　　为－1、Y 轴比例为＋1 开始镜像

N50 M98 P9000；　　　　　　　　　　　　调用 9000 号子程序切削三角形 2

N60 G51 X50.0 Y50.0 I－1000 J－1000 ；　以（X50，Y50）为比例中心，以 X 轴比例
　　　　　　　　　　　　　　　　　　　　　　为－1、Y 轴比例为－1 开始镜像

N70 M98 P9000；　　　　　　　　　　　　调用 9000 号子程序切削三角形 3

N80 G51 X50.0.0 Y50 I 1000 J－1000；　　以（X50，Y50）为比例中心，以 X 轴比例
　　　　　　　　　　　　　　　　　　　　　　为＋1、Y 轴比例为－1 开始镜像

N90 M98 P9000；　　　　　　　　　　　　调用 9000 号子程序切削三角形 4

N100 G50；　　　　　　　　　　　　　　　取消镜像

N110 M30；　　　　　　　　　　　　　　　程序结束

10. 坐标旋转指令（G68、G69）　该指令可使编程图形按指定旋转中心及旋转方向旋转一定的角度。G68 表示开始坐标旋转，G69 用于撤销旋转功能。

编程格式为：G68 X ＿＿ Y ＿＿ Z ＿＿ R ＿＿；

其中，X、Y 为旋转中心的坐标值（可以是 X、Y、Z 中的任意两个，它们由当前平面选择指令确定）。当 X、Y 省略时，G68 指令认为当前的位置即为旋转中心。R 为旋转角度，范围为－360°～＋360°，逆时针旋转定义为正方向，顺时针旋转定义为负方向。

当程序在绝对方式下时，G68 程序段后的第一个程序段必须使用绝对方式移动指令，才能确定旋转中心。如果这一程序段为增量方式移动指令，那么系统将以当前位置为旋转中心，按 G68 给定的角度旋转坐标。

例 5-5　如将图 5-37 中的三角形 1 以原点 O 为中心逆时针旋转 30°，其加工程序为：

O0101　　　　　　　　　　　　　　　　　主程序：

G54；

N10 G90 G00 X0 Y0 Z10.0；　　　　　　　回工件原点

N20 M98 P9000；　　　　　　　　　　　　调用 9000 号子程序切削三角形 1

N30 G90 G00 X0 Y0 Z10.0；

N40 G68 R30；　　　　　　　　　　　　　回工件原点

N50 M98 P9000；　　　　　　　　　　　　调用 9000 号子程序旋转后切削三角形 1

N60 G69 G90 G00 X0 Y0 Z10.0；　　　　　取消旋转，回原点

N70 M30；　　　　　　　　　　　　　　　程序结束

加工后的图形如图 5-38 所示。

5.3.4　固定循环功能

孔加工是数控加工中最常见的加工工序，数控铣床和加工中心通常都具有钻孔、镗孔、铰孔和攻螺纹等加工的固定循环功能。固定循环指令是针对各种孔型的专用指令，用一个 G 代码即可完成一系列动作。该类指令为模态指令。使用它编程孔加工程序时，只需给出第一个孔加工的所有参数，后续孔加工的程序如与第一个孔有相同的参数，则可省略，这样可极大

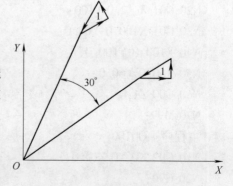

图 5-38　坐标旋转指令应用举例

提高编程效率，而且使程序变得简单易读。表5-4列出了这些指令的基本含义。

表5-4　固定循环功能指令一览表

指令	−Z方向进刀（动作3）	孔底动作（动作4）	＋Z方向退回动作（动作5）	用　途
G73	间歇进给		快速移动	高速深孔啄钻循环
G74	切削进给	主轴停止→主轴正转	切削进给	攻左螺纹循环
G76	切削进给	主轴定向停止	快速移动	精镗孔循环
G80				固定循环取消
G81	切削进给		快速移动	钻孔循环
G82	切削进给	暂停	快速移动	沉孔钻孔循环
G83	间歇进给		快速移动	深孔啄钻循环
G84	切削进给	主轴停止→主轴反转	切削进给	攻右螺纹循环
G85	切削进给		切削进给	铰孔循环
G86	切削进给	主轴停止	快速移动	镗孔循环
G87	切削进给	主轴停止	快速移动	背镗孔循环
G88	切削进给	暂停→主轴停止	手动操作	镗孔循环
G89	切削进给	暂停	切削进给	镗孔循环

1. 固定循环的基本动作　如图 5-39 所示，孔加工固定循环一般由下述五个动作组成（图中虚线表示快速进给，实线表示切削进给）。

动作1——X 轴和 Y 轴定位，使刀具快速定位到孔加工的位置。

动作2——Z 向快进到 R 点，刀具自起始点快速进给到 R 点。

动作3——孔加工，以切削进给的方式执行孔加工的动作。

动作4——孔底动作，包括暂停、主轴准停、刀具移位等动作。

动作5——返回到 R 点或起始点，继续加工其他孔。

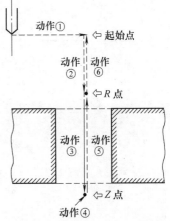

图 5-39　固定循环的基本动作

说明：

1）固定循环指令中地址 R 与地址 Z 的数据指定与 G90 或 G91 的方式选择有关。选择 G90 方式时 R 与 Z 一律取其绝对坐标值；选择 G91 方式时，则 R 是指自起始点到 R 点间的距离，如图 5-40 所示。

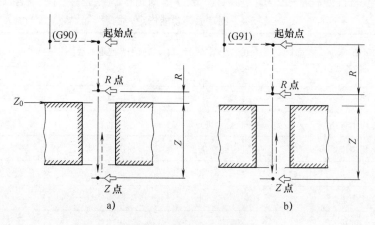

图5-40　R点与Z点指令

a）绝对值方式　b）增量方式

2）起始点是为安全下刀而规定的点。该点到零件表面的距离可以任意设定在一个安全的高度上。当使用同一把刀具加工若干孔时，只有孔间存在障碍需要跳跃或全部孔加工完毕时，才使用G98功能使刀具返回到起始点，如图5-41a所示。

3）R点又叫参考点，是刀具下刀时自快进转为工进的转换点。距工件表面的距离主要考虑工件表面尺寸的变化，如工件表面为平面时，一般可取2~5mm。使用G99时，刀具将返回到该点，如图5-41b所示。

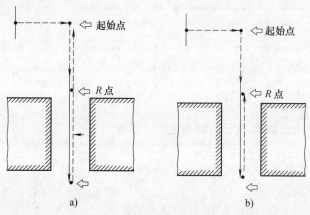

图5-41　刀具返回指令

a）返回起始点（G98）　b）返回R点（G99）

4）加工不通孔时，孔底平面就是孔底的Z轴高度；加工通孔时一般刀具还要伸出工件底平面一段距离，这主要是保证全部孔深都加工到规定尺寸。钻削加工时还应考虑钻尖对孔深的影响。

5）孔加工循环与平面选择指令（G17、G18或G19）无关，即不管选择了哪个平面，孔加工都是在XY平面上定位并在Z轴方向上加工孔。

2. **固定循环指令的格式**　孔加工固定循环指令的一般格式为：

$$\left\{\begin{array}{l} G90 \\ G91 \end{array}\right. \left\{\begin{array}{l} G98 \\ G99 \end{array}\right. \quad G\square\square \ X \underline{\quad} Y \underline{\quad} Z \underline{\quad} R \underline{\quad} Q \underline{\quad} P \underline{\quad} F \underline{\quad} L \underline{\quad};$$

说明:

1) G□□是孔加工固定循环指令,即 G73 ~ G89 中的某一个。

2) X、Y 指定孔在 *XY* 平面的坐标位置(增量或绝对值)。

3) Z 指定孔底坐标值。用增量方式时,是 *R* 点到孔底的距离;用绝对值方式时,是孔底的绝对坐标值。

4) R 在增量方式中是指起始点到 *R* 点的距离;而在绝对值方式中是指 *R* 点的绝对坐标值。

5) Q 在 G73、G83 中,是用来指定每次进给的深度;在 G76、G87 中指定刀具位移量。

6) P 用来指定暂停的时间,单位为 ms。

7) F 为切削进给的进给量。

8) L 用来指定固定循环的重复次数。只循环一次时,L 可不指定。

9) G73 ~ G89 是模态指令。一旦指定,一直有效,直到出现其他孔加工固定循环指令,或固定循环取消指令(G80),或 G00、G01、G02、G03 等插补指令时才失效。因此,多孔加工时该指令只需指定一次。以后的程序段只需给出孔的位置即可。

10) 固定循环中的参数(Z、R、Q、P、F)是模态的,当变更固定循环方式时,被使用的参数可以继续使用。

11) 在使用固定循环编程时一定要在前面程序段中指定 M03(或 M04),使主轴起动。

12) 若在固定循环指令程序段中同时指定一后指令 M 代码(如 M05、M09),则该 M 代码并不是在循环指令执行完成后才被执行,而是执行完循环指令的第一个动作(*X*、*Y* 轴向定位)后,即被执行。因此,固定循环指令不能和后指令 M 代码同时出现在同一程序段。

13) 当用 G80 指令取消孔加工固定循环后,那些在固定循环之前的插补模态(如 G00、G01、G02、G03)恢复,M05 指令也自动生效(G80 指令可使主轴停转)。

14) 在固定循环中,刀具半径补偿指令(G41、G42)无效。刀具长度补偿指令(G43、G44)有效。

3. 固定循环指令介绍

1) 高速深孔啄钻循环指令(G73)。其编程格式为:

G73 X __ Y __ Z __ R __ Q __ F __;

说明:孔加工动作如图 5-42 所示。分多次工作进给,每次进给的深度由 Q 指定(一般 $Q = 2 \sim 3mm$),且每次工作进给后都快速退回一段距离 *d*,*d* 值由参数设定(通常为 0.1mm)。这种加工方法,通过 *Z* 轴的间断进给可以比较容易地实现断屑与排屑。

2) 攻左旋螺纹循环指令(G74)。其编程格式为:

G74 X __ Y __ Z __ R __ F __;

说明:孔加工动作如图 5-43 所示。此指令用于攻左旋螺纹,故需先使主轴反转,再执行 G74 指令,刀具先快速定位至 X、Y 所指定的坐标位置,再快速定位到 *R* 点,接着以 F 所指定的进给速率攻螺纹至 Z 所指定的坐标位置后,主轴转换为正转且同时向 *Z* 轴正方向退回至 *R* 点,退至 *R* 点后主轴恢复原来的反转。攻螺纹的进给速度为:

$$v_F(mm/mim) = 螺纹导程\,Ph(mm) \times 主轴转速\,n(r/min)$$

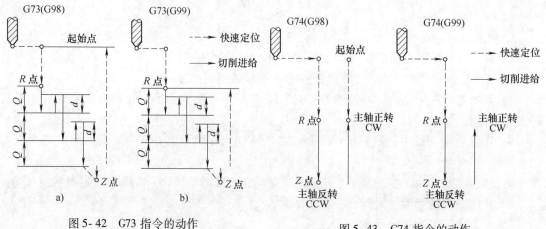

图 5-42　G73 指令的动作

a）返回起始点（G98）　b）返回 R 点（G99）

图 5-43　G74 指令的动作

3）精镗孔循环指令（G76）。其编程格式为：

G76 X __ Y __ Z __ R __ Q __ P __ F __;

说明：孔加工动作如图 5-44 所示。图中，P 表示在孔底有暂停，OSS 表示主轴准停，Q 表示刀具移动量。采用这种方式镗孔可以保证提刀时不至于划伤内孔表面。

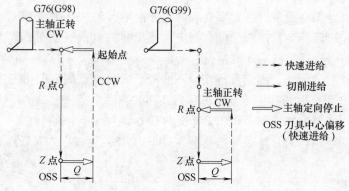

图 5-44　G76 指令的动作

执行 G76 指令时，镗刀先快速定位至 X、Y 坐标点，再快速定位到 R 点，接着以 F 指定的进给速度镗孔至 Z 指定的深度后，主轴定向停止，使刀尖指向一固定的方向后，镗刀中心偏移使刀尖离开加工孔面，如图 5-45 所示。这样镗刀以快速定位退出孔外时，才不至于刮伤孔面。当镗刀退回到 R 点或起始点时，刀具中心回复到原来的位置，且主轴恢复转动。

应注意偏移量 Q 值一定是正值，且 Q 不可用小数点方式表示数值，如欲偏移 1.0mm，应写成 Q1000。偏移方向可用参数设定选择 $+X$、$+Y$、$-X$ 及 $-Y$ 的任何一个方向（FANUC 0M 参数号码为 0002），一般设定为 $+X$ 方向。指定 Q 值时不能太大，以避免碰撞工件。

这里要特别指出的是，镗刀在装到主轴上后，一定要在 MDI 方式下执行 M19 指令使主轴准停后，检查刀尖所处的方向，如图 5-45 所示，若与图中位置相反（相差 180°）时，须重新安装刀具使其按图中的定位方向定位。

4）钻孔循环指令（G81）。其编程格式为：

G81 X ＿ Y ＿ Z ＿ R ＿ F ＿；

说明：孔加工动作如图5-46所示。

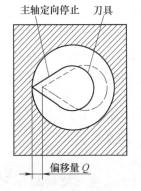

图5-45　主轴定向停止与偏移

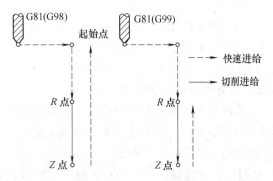

图5-46　G81指令的动作

5）取消固定循环指令（G80）。其编程格式为：

G80；

当固定循环指令不再使用时，应用G80指令取消固定循环，而回复到一般指令状态（如G00、G01等），此时固定循环指令中的孔加工数据（如Z点、R点值等）也被取消。

4. 固定循环的重复使用　在固定循环指令最后，用L地址指定重复次数。在增量方式（G91）时，如果有间距相同的若干个相同的孔，采用重复次数来编程是很方便的。

采用重复次数编程时，要采用G91、G99方式。

例5-6　加工图5-47所示的四个孔，用G81编程。

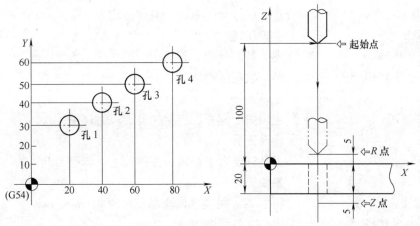

图5-47　固定循环应用实例

加工程序如下：

G54 G00 X0.0 Y0.0 Z100.0　　　　　　　建立工件坐标系，初始定位

G91 G00 S200 M03；　　　　　　　　　　增量方式，主轴正转

G99 G81 X20.0 Y30.0 Z－30.0 R－95.0 F120；G81固定循环钻孔1

X20.0 Y10.0 L3;	G82 固定循环钻孔 2、3、4
G80 Z95.0;	取消循环，刀具快速返回起始点
X-80.0 Y-60.0 M05;	刀具快速返回工件原点，主轴停
M30;	程序结束

注意：如果使用 G74 或 G84 时，因为主轴回到 R 点或起始点时要反转，因此需要一定时间，如果用 L 来进行多孔操作，要估计主轴的起动时间。如果时间不足，不应使用 L 地址，而应对每一个孔给出一个程序段，并且每段中增加 G04 指令来保证主轴的起动时间。

5.3.5 等导程螺纹切削指令（G33）

小直径的内螺纹大都用丝锥配合攻螺纹指令 G74、G84 固定循环指令加工。大直径的螺纹因刀具成本太高，常使用可调式的镗刀配合 G33 指令加工，可节省成本。

指令格式：G33 Z __ F ；

其中，Z 为螺纹切削的终点坐标值（绝对值）或切削螺纹的长度（增量值）；F 为螺纹的导程。

一般在切削螺纹时，从粗加工到精加工，是沿同一轨迹多次切削的。由于在机床主轴上安装有位置编码器，可以保证每次切削螺纹时起始点和运动轨迹都是相同的，同时还要求从粗加工到精加工时主轴转速必须是恒定的。如果主轴转速发生变化，必然会影响螺纹的切削精度。

例 5-7 如图 5-48 所示，孔径已加工完成，使用可调式镗刀，配合 G33 指令切削 M60×1.5 的内螺纹。

加工程序如下：

O0018	程序名
G90 G00 G17 G40 G49;	G 代码初始设定
G54 X0 Y0;	建立工件坐标系，刀具快速定位
S400 M03;	主轴正转
G43 Z10.0 H01;	建立长度补偿，刀具定位至工件上方 10mm 处
G33 Z-45.0 F1.5;	第一次切削螺纹
M19;	主轴准停
G00 X-5.0;	主轴中心偏移，避免提升刀具时碰撞工件
Z10.0;	提升刀具
X0 M00;	刀具移至孔中心后，程序停止，调整刀具
M03;	主轴正转
G04 X2.0;	暂停 2s，使主轴转速稳定在 400r/min
G33 Z-45.0 F1.5;	第二次切削螺纹
M19;	主轴准停
G00 X-5.0;	主轴中心偏移，避免提升刀具时碰撞工件
Z10.0;	提升刀具
X0 M00;	刀具移至孔中心后，程序停止，调整刀具
M03;	主轴正转
G04 X2.0;	暂停 2s，使主轴转速稳定在 400r/min

G33 Z – 45. 0 F1. 5；	第三次切削螺纹
M19；	主轴准停
G00 X – 5. 0；	主轴中心偏移，避免提升刀具时碰撞工件
Z10. 0	提升刀具
G91 G28 Z0；	Z 轴返回参考点
M30；	程序结束

5. 3. 6 数控镗铣削加工编程举例

如图 5-49 所示，工件毛坯是经过预先铣削加工至尺寸为 100mm × 100mm × 50mm 的铝合金长方体，按图样要求加工：90mm × 90mm 的四边形、外接圆直径为 φ78mm 的五边形和 φ40mm 圆柱。

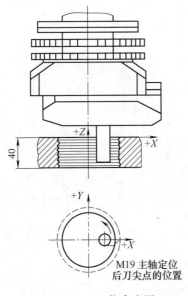

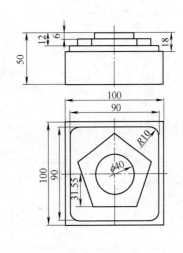

图 5-48 G33 指令应用　　　　　　　　图 5-49 数控镗铣削加工编程举例零件图

1. 零件加工工艺

1）分析零件图，确定工艺路线。该零件粗精加工分开，工艺路线分别为：加工 90mm × 90mm × 18mm 四边形→加工五边形→加工 φ40mm 的圆柱体。

2）选择刀具。加工工序与刀具选择见表 5-5。

表 5-5 加工工序与刀具选择

加工工序	刀号	刀具名称	主轴转速/ r · min^{-1}	进给速度/ mm · min^{-1}	刀具长度补偿	刀具半径补偿 （半径值）
轮廓粗加工	T01	φ20mm 双刃立铣刀	600	150	H01	D01 = 10. 05
轮廓精加工	T02	φ16mm 四刃立铣刀	800	100	H02	D02 = 8

3）装夹工件。采用平口钳装夹。

4）工件坐标系的确定。以工件上平面为 Z 轴原点，XY 坐标系如图 5-50 所示。

5）确定进给路线、下刀点、进退刀方式，如图 5-50 所示。

加工四边形：$A \rightarrow B \rightarrow C \rightarrow D \rightarrow E \rightarrow F \rightarrow G \rightarrow H \rightarrow I \rightarrow J \rightarrow B \rightarrow K \rightarrow Q$。

加工五边形：$L \rightarrow M \rightarrow N \rightarrow P \rightarrow R \rightarrow S \rightarrow T \rightarrow M \rightarrow U \rightarrow Q$。

加工圆柱体：$V \rightarrow W \rightarrow W \rightarrow Z \rightarrow Q$。

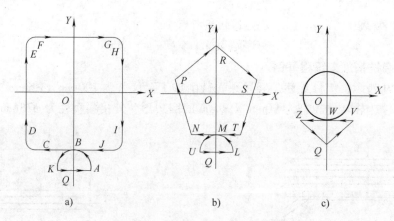

图 5-50　五角凸台加工进给路线

a）四边形进给路线　b）五边形进给路线　c）圆柱体进给路线

6）节点数值计算见表 5-6。

表 5-6　节点数值计算

节点	A	B	C	D
坐标	(30, −75)	(0, −45)	(−35, −45)	(−45, −35)
节点	E	F	G	H
坐标	(−45, 35)	(−35, 45)	(35, 45)	(45, 35)
节点	I	J	K	L
坐标	(45, −35)	(35, −45)	(−30, −75)	(43.448, −75)
节点	M	N	P	R
坐标	(0, −31.552)	(−22.924, −31.552)	(−37.091, 12.052)	(0, 39)
节点	S	T	U	V
坐标	(37.091, 12.052)	(22.924, −31.552)	(−43.448, −75)	(45, −20)
节点	W	Z	Q	
坐标	(0, −20)	(−45, −20)	(0, −75)	

2. 程序编制　加工程序如下：

O2001

N10	G40 G49 G80 G17 G90；	加工前清除刀具的长度和半径补偿
N20	G00 G54 X0 Y0 Z100.0；	坐标系设置，刀具快进至 O 点
N30	M06 T01；	选用第 1 号刀具
N40	M03 S600；	主轴正转，转速 600 r/min
N50	G43 Z50.0 H01 F150；	建立刀具长度补偿

N60	G41 G00 X0 Y – 75.0 Z5.0 D1 M08;	建立半径补偿，切削液开，刀具快进至 Q 点
N70	G01 Z – 6.0;	进给到深度为 – 6 的位置
N80	M98 P8001;	调用四边形加工子程序
N90	G01 Z – 12.0;	进给到深度为 – 12 的位置
N100	M98 P8001;	调用四边形加工子程序
N110	G01 Z – 18.0;	进给到深度为 – 18 的位置
N120	M98 P8001;	调用四边形加工子程序
N130	G01 Z – 6.0;	进给到深度为 – 6 的位置
N150	M98 P8002;	调用五边形加工子程序
N160	G01 Z – 12.0;	进给到深度为 – 12 的位置
N170	M98 P8002;	调用五边形加工子程序
N180	G01 Z5.0;	抬刀
N190	G01 X45.0 Y – 20.0;	进给至 V 点
N200	G01 Z – 6.0;	进给到深度为 – 6 的位置
N210	M98 P8003;	调用圆柱体加工子程序
N220	G01 Z5.0;	抬刀
N230	G40 G00 X0 Y100.0 Z100.0;	取消刀具半径补偿，刀具运动到安全位置
N240	G49 M09;	取消刀具长度补偿，切削液关闭
N250	M05;	主轴停止
N260	M00;	程序暂停
N270	M06 T02;	换 2 号刀具
N280	M03 S800;	主轴正转，转速 800 r/min
N290	G43 Z50.0 H02 F100;	建立刀具长度补偿
N300	G41 G00 X0 Y – 75.0 Z5.0 D2 M08;	建立刀具半径补偿，切削液开
N310	G01 Z – 18.0;	进给到深度为 – 18 的位置
N320	M98 P8001;	调用四边形加工子程序
N330	G01 Z – 12.0;	进给到深度为 – 12 的位置
N350	M98 P8002;	调用五边形加工子程序
N360	G01 Z5.0;	抬刀
N370	G00 X45.0 Y – 20.0;	进给至 V 点
N380	G01 Z – 6.0;	进给到深度为 – 6 的位置
N390	M98 P8003;	调用圆柱体加工子程序
N400	G01 Z5.0;	抬刀
N410	G40 G00 X0 Y100.0 Z100.0;	取消刀具半径补偿，刀具运动到安全位置
N420	G49 M09;	取消刀具长度补偿，切削液关闭
N430	M05;	主轴停止
N440	M30;	程序结束

O8001		四边形加工子程序

N10	G01 X30. 0 Y－75. 0;	刀具工进至 A 点
N20	G03 X0 Y－45. 0 R30. 0;	切线方向进刀至 B 点
N30	G01 X－35. 0 Y－45. 0;	进给至 C 点，开始加工四边形轮廓
N40	G02 X－45. 0 Y－35. 0 R10. 0;	进给至 D 点
N50	G01 X－45. 0 Y35. 0;	进给至 E 点
N60	G02 X－35. 0 Y45. 0 R10. 0;	进给至 F 点
N70	G01 X35. 0 Y45. 0;	进给至 G 点
N80	G02 X45. 0 Y35. 0 R10. 0;	进给至 H 点
N90	G01 X45. 0 Y－35. 0;	进给至 I 点
N100	G02 X35. 0 Y－45. 0 R10. 0;	进给至 J 点
N110	G01 X0 Y－45. 0;	进给至 B 点
N120	G03 X－30. 0 Y－75. 0 R30. 0;	切线方向退刀至 K 点
N130	G01 X0 Y－75. 0;	退刀至 Q 点
N140	M99;	子程序结束，返回主程序

O8002		五边形加工子程序
N10	G01 X43. 448 Y－75. 0;	刀具工进给至 L 点
N20	G03 X0 Y－31. 552 R43. 448;	切线方向进刀至 M 点
N30	G01 X22. 924 Y－31. 552;	进给至 N 点，开始加工五边形轮廓
N40	G01 X－37. 091 Y12. 052;	进给至 P 点
N50	G01 X0 Y39. 0;	进给至 R 点
N60	G01 X37. 091 Y12. 052;	进给至 S 点
N70	G01 X22. 924 Y－31. 552;	进给至 T 点
N80	G01 X0;	进给至 M 点
N90	G03 X－43. 448 Y－75. 0 R43. 448;	切线方向退刀至 U
N100	G01 X0 Y－75. 0;	退刀至 Q 点
N110	M99;	子程序结束，返回主程序

O8003		圆柱体加工子程序
N20	G01 X0 Y－20. 0;	切线进刀至 W 点
N30	G02 I0 J20. 0;	走圆柱轮廓
N40	G01 X－45. 0 Y－20. 0;	切线退刀至 Z 点
N50	G01 X0 Y－75. 0;	退刀至 Q 点
N60	M99;	子程序结束，返回主程序

5. 4　数控镗铣削工艺与编程练习

5. 4. 1　数控镗铣削典型工作任务和步骤

1. 数控镗铣削加工一般步骤　数控镗铣削加工一般工作流程如图 5-51 所示。

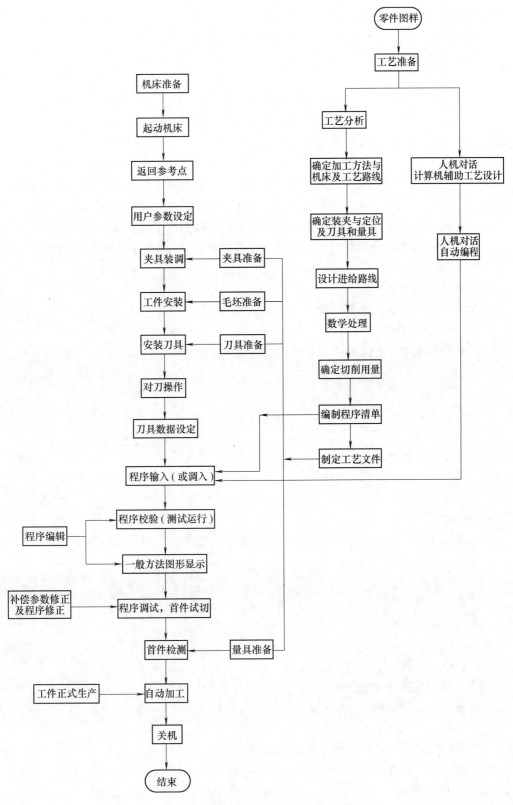

图 5-51　数控镗铣削加工一般工作流程

在实际工作过程中，夹具装调、工件安装、安装刀具、程序输入等步骤可以根据具体情况调整顺序，图形显示等步骤也可以根据机床和操作者实际情况进行增减。

2. 数控镗铣削加工典型工作任务

（1）工作过程及方法

1）沟通与任务确定。即从上级部门接收图样，明确加工要求，确定交货期限。

2）消化工艺文件。即分析加工图样及技术要求，分析各种加工方法及加工要点，确定好加工条件，拟定好加工过程，准备好加工程序。

3）准备工艺工装。即准备工装、夹具、刀具、量具和加工中所需的其他附件。

4）工件加工。即检查加工设备状况，安装刀具，调整夹具，安装工件，输入程序，程序的图形模拟或空运行，产品的试切加工，尺寸的测量及程序的调整，零件的完整加工。

5）工件检验。即首件评审、自检、互检、专检，确保本工序加工质量合格。

6）反馈优化。即对检测反映的问题进行分析，及时解决加工过程中存在的难题。

（2）工作对象及工具

1）毛坯或半成品。

2）数控机床、刀具、夹具、量具、工具。

3）数控机床操作手册。

4）数控机床的状态记录表、保养记录表、交接班记录表。

5）成品。

（3）工作方法

1）数控机床的检查。

2）工装的检查。

3）程序的检查和试运行。

4）数控机床夹具的使用。

5）加工质量分析。

（4）劳动组织

1）与工具室、测量室、维修班组、生产调度室、工艺室等班组进行合作与沟通。

2）单独作业、团组工作。

（5）工作要求

1）工件符合图样要求。

2）按时完成工件的加工。

3）操作规范。

4）数控机床各种记录完整。

5）遵守劳动纪律等规章制度。

6）符合安全、健康和环保的要求。

7）成本意识。

5.4.2 数控镗铣削加工工艺设计与编程举例

加工图 5-52 所示零件，工件材料为 45 钢，毛坯尺寸为 108mm×54mm×18mm，工序、刀具及切削用量的选择见表 5-7。工件 XY 坐标系原点定在距毛坯上边和左边均 27mm 处，Z 坐标原点定在毛坯上表面，加工工序如图 5-53 所示，编写零件的加工程序，加工程序见表 5-8。

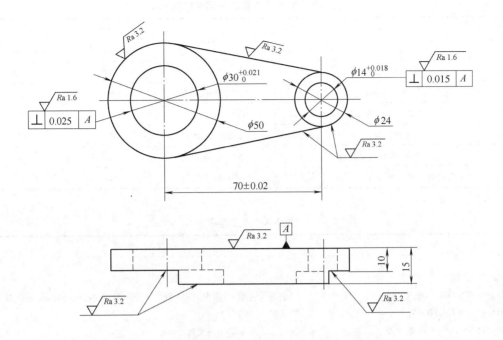

图 5-52　综合实训零件图

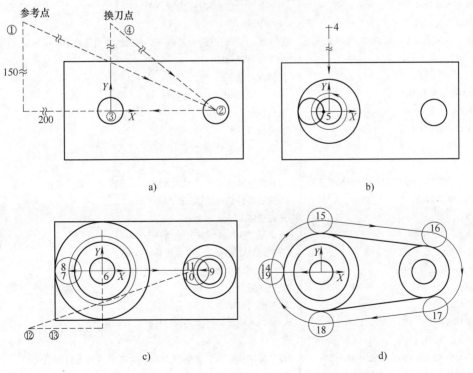

图 5-53　零件的加工工序

a）钻孔　b）镗孔　c）铣孔　d）外轮廓加工

表 5-7　工序、刀及切削用量的选择

序号	工　　序	刀具	主轴转速/ r·min⁻¹	进给速度/ mm·min⁻¹
1	钻两个 φ13.8mm 的通孔	φ13.8mm 钻头	700	50
2	铰 φ14mm 孔	φ14mm 铰刀	80	10
3	扩 φ30mm 孔至 φ29.4mm	φ29.4mm 钻头	260	40
4	精镗 φ30mm 孔	φ30mm 镗刀	400	30
5	铣孔 φ50mm、φ24mm	φ14mm 立铣刀	400	40
6	用内孔对工件重新夹紧,完成外轮廓加工	φ14mm 立铣刀	400	40

表 5-8　加工程序

程　　序	注　　释
O00002	程序号
N010 G90 G21 G40 G80;	用绝对尺寸指令,米制,注销刀具半径补偿和固定循环功能(钻孔操作)
N020 G91 G28 X0 Y0 Z0;	刀具移至参考点 1
N030 G92 X－200.0Y150.0 Z0;	设定工件坐标系原点坐标
N040 G00 G90 X70.0 Y0 Z100.0 S700 M03 T2;	刀具快速移至点 2,主轴以 700r/min 正转,2 号刀具准备
N050 G43 Z50.0 H01;	刀具长度补偿有效,补偿号 H01
N060 M08;	开切削液
N070 G98 G81 X70.0 Y0 Z－20.0 R5.0 F50;	钻孔循环,孔底位置为 Z 轴 －20mm 处,进给速度 50mm/min
N80 X0;	点 3 处钻孔循环
N090 G80;	注销固定循环
N100 G00 G90 Z20.0 M05;	刀具沿 Z 轴快速定位至 20mm 处,主轴停止
N110 M09;	关切削液
N120 G91 G28 Z0 Y0;	移至换刀点 4
N130 G49 M06;	注销刀具长度补偿,换 2 号刀具
(M01);	
N140 G00 G90 X70.0Y0 Z100.0 S80 M03 T3;	刀具快速移至点 2,主轴以 80 r/min 正转,3 号刀具准备
N150 G43 Z50.0 H02;	刀具长度补偿有效,补偿号 H02
N160 M08;	开切削液
N170 G01 Z－20.0 F10;	沿 Z 轴以 10mm/min 直线插补至 －20mm
N180 G01 Z5.0 F20;	沿 Z 轴以 20mm/min 直线插补至 5mm
N190 G00 G90 Z20.0 M05;	刀具沿 Z 轴快速定位至 20mm 处,主轴停止
N200 M09;	关切削液
N210 G91 G28 Z0 Y0;	移至换刀点 4
N220 G49 M06;	注销刀具长度补偿,换 3 号刀具(选择停止)
(M01);	
N230 G00 G90 X0 Y0 Z100.0 S260 M03 T4;	刀具快速移至点 5,主轴以 260r/min 正转,4 号刀具准备
N240 G43 Z50.0 H03;	刀具长度补偿有效,补偿号 H03
N250 M08;	开切削液
N260 G98 G81 X0 Y0 Z－20.0 R5.0 F40;	钻孔循环,孔底位置为 Z 轴 －20mm 处,进给速度 40mm/min
N270 G80;	注销固定循环

（续）

程　序	注　释
N280 G00 G90 Z20.0 M05；	刀具沿 Z 轴快速定位至 20mm 处,主轴停止
N290 M09；	关切削液
N300 G91 G28 Z100.0 Y0；	移至换刀点 4
N310 G49 M06；	注销刀具长度补偿,换 4 号刀具(选择停止,下面进行镗孔加工)
（M01）；	
N320 G00 G90 X0 Y0 Z100.0 S400 M03 T5；	刀具快速移至点 5,主轴以 400r/min 正转,5 号刀具准备
N330 G43 Z50.0 H04；	刀具长度补偿有效,补偿号 H04
N340 M08；	开切削液
N350 G98 G76 X0Y0 Z-20.0 R5.0 Q0.1 F30；	镗孔循环,孔底位置为 Z 轴 -20mm 处,偏移量为 0.1mm,进给速度 30mm/min
N360 G80；	注销固定循环
N370 G00 G90 X0 M05；	刀具沿 Z 轴快速定位至 20mm 处,主轴停止
N380 M09；	关切削液
N390 G91 G28 Z0 Y0；	移至换刀点 4
N400 G49 M06；	注销刀具长度补偿,换 5 号刀具
（M01）；	(选择停止,下面进行铣孔加工)
N410 G00 G90 X0Y0 Z100.0 S400 M03 T1；	刀具快速移至点 6,主轴以 400r/min 正转,1 号刀具准备
N420 G43 Z50.0 H05；	刀具长度补偿有效,补偿号 H05
N430 G00 G90 Z-5.0；	刀具沿 Z 轴快速定位至 -5mm 处
N440 M08；	开切削液
N450 G42 G01 X-25.0 D01；	刀具半径补偿有效,补偿号 D01,直线插补至点 7
N460 G03 X-25 Y0 I25.0 J0；	逆时针圆弧插补至点 8
N470 X-23.0；	刀具向右平移 2mm
N480 G00 G90 Z10.0；	刀具沿 Z 轴快速定位至 10mm 处
N490 G00 G90 X70.0 Y0；	刀具快速移至点 9
N500 G00G90 Z-5.0；	刀具沿 Z 轴快速定位至 -5mm 处
N510 X58.0；	刀具快速移至点 10
N520 G03 X58.0 Y0 I12.0 J0；	逆时针圆弧插补至点 11
N530 X60.0；	刀具向右平移 2mm
N540 G00 G90 Z10.0；	刀具沿 Z 轴快速定位至 10mm 处
N550 G40；	注销刀具半径补偿
N560 G00 G90 X-40.0 Y-40.0；	刀具快速移至点 12(轮廓加工)
N570 G00 G90 Z-20.0；	刀具沿 Z 轴快速定位至 -20mm 处
N580 G41 G01 X-25.0 D02；	刀具半径补偿有效,补偿号 D02,直线插补至点 13
N590 Y0；	直线插补至点 14
N600 G02 X5.0Y24.5 I25.0 J0；	顺时针圆弧插补至点 15
N610 G01 X72.0Y12.0；	直线插补至点 16
N620 G02 X72.0 Y-12.0 I-2.0 J-12.0；	顺时针圆弧插补至点 17
N630 G01 X5.0Y-24.5；	直线插补至点 18
N640 G02 X-25.0 Y0 I-5.0 J24.5；	顺时针圆弧插补至点 19
N650 G01 X-27.0；	刀具向左平移 2mm
N660 G00 G90 Z20.0 M05；	刀具沿 Z 轴快速定位至 20mm 处,主轴停止
N670 M09；	关切削液
N680 G91 G28X0Y0 Z0；	返回参考点
N690 G40；	注销刀具半径补偿
N700 G49 M06；	注销刀具长度补偿,换刀
N710 M30；	程序结束

5.5 数控铣床和加工中心操作实训

5.5.1 数控铣床仿真软件模拟操作

数控铣床配置的数控系统不同，其操作面板的形式也不同，但其各种开关、按键的功能及操作方法基本相似。可用宇龙软件"数控加工仿真系统"进行仿真操作，具体方法与步骤与第4章4.5.1节相似，请参阅。

5.5.2 加工中心的基本操作

1. FANUC 0i 系列加工中心操作面板介绍

（1）LCD/MDI 操作面板　FANUC 0i 系列加工中心 LCD/MDI 操作面板如图 5-54 所示，它是由 LCD 显示器和 MDI 输入面板两部分组成的。

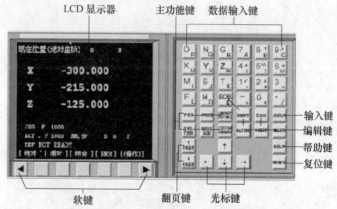

图 5-54　FANUC 0i 加工中心 LCD/MDI 操作面板

（2）机床操作面板　FANUC 0i 加工中心操作面板如图 5-55 所示，该面板位于 LCD 显示器的下方，主要用于控制机床的运动状态，由模式选择按钮、运行控制开关等多个部分组成。

图 5-55　FANUC 0i 加工中心操作面板

2. 加工中心操作要点　与其他数控机床相同，加工中心操作的内容同样是通过机床操作面板上的按键及旋钮，在手动操作、程序编辑、自动运行、MDI 运行、参数设置、图形模拟等工作方式下完成的。

（1）加工中心加工之前的开机

1）接通机床总电源及 LCD 显示器电源，起动机床液压系统。

2）在 LCD 上检查机床有无各种报警信息，及时排除警报，检查机床外围设备是否正常。

3）检查机床换刀机械手及刀库位置是否正确。

4）检查机床各坐标是否处于安全位置，其中包括各坐标必须远离机床零点，以防止坐标回参考点时出现过冲现象（超程），并保证回参考点时刀具与加工工件不发生干涉。

5）各项坐标回参考点。一般情况下 Z 向坐标优先回零，使机床主轴上刀具远离加工工件，同时观察各坐标运行是否正常。

6）检查主轴、机械手、刀库上的加工刀具有无异常情况。若刀库中刀具位置错、刀具出现破损等，应在开始加工前及时更换。

7）起动机床，开始加工工件。

（2）关机

1）停止运行加工程序，记录加工中心所执行的加工程序的当前程序段。

2）将主轴上的刀具移开加工工件，如果有必要，将机械手上抓的刀具还回刀库。

3）将机床各坐标移开机床零点并开到安全位置，以备下次开机时回参考点。

4）将手动进给修调和快速进给修调开关拨到零位，防止因误操作而使机床运动。

5）切断机床液压、压缩空气等。

6）切断机床 LCD 显示器电源。

7）切断机床总电源，做好交接班记录。

（3）机床自动加工　机床自动加工也称为存储器方式加工。它是利用加工中心内存储的加工程序，使机床对工件进行连续加工，是加工中心运用得最多的操作方式。加工中心在存储器方式下运行时间越长，其机床利用率也就越高。

一般可先在编辑状态下选择好加工程序，将"工作方式选择开关"拨到存储器方式，检索加工程序（选择加工程序起点），按"循环起动按钮"，机床就进入自动加工状态。

（4）手动输入程序　MDI 方式也称为键盘操作方式。它在修整工件个别遗留问题或单件加工时经常用到。

MDI 方式加工的特点是输入灵活，随时输入指令随时执行，但运行效率较低，且执行完指令以后对指令没有记忆，再次执行时必须重新输入指令，该操作方式一般不用于批量工件的加工。

一般可将"工作方式选择"开关拨到键盘方式，用 LCD 右侧键盘输入需要执行的指令，然后按"START"键执行，所有机床系统定义过的 G 代码、M 代码、T 代码、D/H 代码都可以执行，但键盘输入每次只执行一次 G 功能（其他的功能，如 M、T 功能也一样）。即输入 G00，就只能执行 G00，不能再输入和执行其他 G 代码，必须要等到此次 G 代码执行完了以后才能输入其他 G 代码。

（5）手动（JOG）工作方式　手动工作方式主要用于工件及夹具相对于机床各坐标的找正、工件加工零点的粗测量以及开机时回参考点。

将"工作方式选择"开关拨到手动，"坐标选择"开关选定需要运行的坐标，按"正向进给（负向进给）"键，在手动操作调整速度时，用"手动进给修调"开关调整。

手动工作方式一般不用于工件加工。

（6）手轮操作　手轮也即手摇脉冲发生器。手轮每摇一格发出一个脉冲，指挥机床移动相应的坐标。

手轮在工件及夹具相对于机床找正、工件加工基准点的精确测量、工件首件试切削及回转中心测量时经常使用。

将"工作方式选择"开关拨到手轮，此时手轮上工作指示灯亮，将显示器（LCD）上相对坐标（RELATIVE）清零，通过手轮上"坐标选择开关"选择坐标，通过"进给单位选择"开关选定每一格手摇脉冲的进给量，就可以摇动手轮操作了。此时，LCD 上 RELATIVE 所显示的数据，即为手摇脉冲发生器使机床移动的相对距离。

（7）ATC（自动换刀装置）、APC（托盘自动交换装置）面板操作 加工中心的操作在很大程度上与数控铣床相似，只是在刀具交换和工作台（托盘）交换中与数控铣床不同。加工中心的换刀和交换托盘的方法，一种是通过加工程序或用键盘方式输入指令实现的，这是通常使用的方法；另一种是依靠 ATC 面板和 APC 面板手动分步操作实现的。由于加工中心机械手的换刀动作和托盘交换动作比较复杂，手动操作时前后顺序必须完全正确，并保证每一步动作到位，因此在手动操作交换托盘和换刀时必须非常小心，避免出现事故。手动分步换刀和手动托盘交换一般只在机床出现故障需要维修时才使用。

5.6　数控机床的维护与保养

5.6.1　数控机床维护与保养的基本要求

一般来说，数控机床价格较为昂贵，为充分发挥数控机床的效益，要做预防性维修，使数控系统少出故障，还应做好一切准备，当系统出现故障时能及时修复，以尽量减少平均修理时间。预防性维修的关键是加强日常的维护、保养，通常应做到如下几点：

1）机床操作、编程和维修人员必须是掌握相应数控机床专业知识的人员或经过技术培训的人员，使用数控机床之前，应仔细阅读机床使用说明书以及其他有关资料，熟悉所用设备的机械、数控装置，强电设备，液压，气路等部分，以及规定的使用环境、加工条件等，且必须按安全操作规程及使用说明书的要求操作机床，尽量避免因操作不当而引起故障。

2）根据各种部件特点，确定各自保养条例。如明文规定哪些地方需要天天清理（如 CNC 系统的输入/输出单元——光电阅读机的清洁，检查机械结构部分是否润滑良好等），哪些部件要定期检查或更换（如直流伺服电动机电刷和换向器应每月检查一次）。

3）非专业人员不得打开电柜门，打开电柜门前必须确认已经关掉了机床总电源开关。只有专业维修人员才允许打开电柜门，进行通电检修。

4）除一些供用户使用并可以改动的参数外，其他系统参数、主轴参数、伺服参数等，用户不能私自修改，否则将给操作者带来设备、工件、人身等伤害。改动参数后，进行第一次加工时，机床在不装刀具和工件的情况下用机床锁住、单程序段等方式进行试运行，确认机床正常后再使用机床。

5）定时清扫数控柜的散热通风系统。应每天检查数控系统柜上各个冷却风扇工作是否正常，应视工作环境状况，每半年或每季度检查一次风道过滤器是否有堵塞现象。如果过滤网上灰尘积聚过多，需及时清理，否则将会引起数控系统柜内温度高（一般不允许超过 55℃），造成过热报警或数控系统工作不可靠。

6）应尽量少开数控柜和强电柜的门。为了散热，应及时清理空气过滤器，切不可敞开柜门，因为在机加工车间的空气中一般都含有油雾、灰尘甚至金属粉末，一旦它们落在数控系统内的印制线路或电器件上，容易引起元器件间绝缘电阻下降，甚至导致元器件及印制线路的损坏。因此，应该有一种严格的规定，除非进行必要的调整和维修，不允许随便开启柜门，更不允许在使用时敞开柜门。

7）经常监视数控系统用的电网电压。电网电压波动如果超出一定范围，就会造成系统不能正常工作，甚至会引起数控系统内部电子部件损坏。如 FANUC 公司生产的数控系统，允许电网电压在额定值的 85% ~110% 的范围内波动。

8）定期检查和清扫直流伺服电动机。直流伺服电动机的数对电刷工作时会与换向器摩擦而逐渐磨损。在日常维护中要注意两个问题：一是定期检查电刷是否异常或过度磨损，二是碳粉末的清理，这些都会影响电动机的工作性能甚至使电动机损坏。

9）带有液压伺服阀的系统，必须保持油的清洁。液压伺服系统的油要采用专用的过滤器去过滤，而且要经常保持与空气隔绝，避免氧化，形成极化分子造成堵塞。不可轻易换油，换油时一定要有相应措施。

10）数控机床长期不用时的维护。数控机床长期不用时，要经常给数控系统通电，特别是在环境湿度较大的梅雨季节更应如此，在机床锁住不动的情况下（即伺服电动机不转时），让数控系统空运行。利用电器元件本身的发热来驱散数控系统内的潮气，保证电子器件性能稳定可靠。实践证明，在空气湿度较大的地区，经常通电是降低故障率的一个有效措施。

5.6.2 数控机床的安全操作规程

数控机床维护与保养的基本要求中强调了要严格遵循正确的操作规程。因为，严格遵循数控机床的安全操作规程，不仅是保障人身和设备安全的需要，也是保证数控机床能够正常工作、达到技术性能、充分发挥其加工优势的需要。因此，在数控机床的使用和操作中必须严格遵循数控机床的安全操作规程。

不同类型数控机床的操作规程有所不同，应仔细阅读机床使用书，制订比较完整的操作规程，按照其操作规程进行操作，以保障机床正常运转。一般共性的操作规程如下：

1）操作者必须经过考试合格，持有该机床的《设备操作证》方可操作机床。

2）工作前认真做到：

①仔细阅读交接班记录，了解上一班机床的运转情况和存在的问题。

②检查机床、工作台、导轨以及各主要滑动面，如有障碍物、工具、切屑、杂质等，必须清理，擦拭干净后上润滑油。

③检查工作台、导轨及主要滑动面有无新的拉、研、碰伤，如有应通知班组长或设备员一起查看，并做好记录。

④检查安全防护、制动（止动）、限位和换向等装置是否齐全完好。

⑤机械、液压、气动等操作手柄、阀门、开关等应处于非工作的位置上。

⑥各刀架应处于非工作位置。

⑦电气配电箱应关闭牢靠，电气接地良好。

⑧润滑系统储油部位的油量应符合规定，封闭良好。油标、油窗、油杯、油嘴、油线、油毡、油管和分油器等应齐全完好，安装正确。按润滑指示图表规定人工加油或用机动（手拉）泵打油，查看油窗是否来油。

⑨停车一个班次以上的机床，应按说明书规定及液体静压装置使用规定的开车程序和要求做空转试车 3~5min，并检查：

a. 操纵手柄、阀门、开关等是否灵活、准确、可靠。

b. 安全防护、制动（止动）、连锁、夹紧机构等装置是否起作用。

c. 校对机构运动是否有足够行程，调整并固定限位块、定程挡铁和换向碰块等。

d. 由机动泵或手拉泵润滑的部位是否有油，润滑是否良好。

e. 机械、液压、静压、气动、靠模、仿形等装置的动作、工作循环、温升、声音等是否正常。压力（液压、气压）是否符合规定。确认一切正常后，方可开始工作。

凡连班交接班的设备，交接班人应一起按上述 9 条规定进行检查，待接班人员清楚后，交班人方可离去。凡隔班交接班的设备，如发现上一班有严重违犯操作规程的现象，必须通知班组长或设备员一起查看，并做好记录，否则按本班违反操作规程处理。

在设备检修或调整之后，也必须按上述 9 条规定详细检查设备，确认一切无误后方可开始工作。

3）工作中认真做到：

①坚守岗位，精心操作，不做与工作无关的事。因事离开机床时要停车，关闭电源、气源。

②按工艺规定进行加工。不准任意加大进给量、磨削量和切（磨）削速度。不准超规范、超负荷、超重量使用机床，不准精机粗用和大机小用。

③刀具、工件应装夹正确、紧固牢靠。装卸时不得碰伤机床。找正刀具、工件不准用重锤敲打。不准用加长扳手柄增加力矩的方法紧固刀具、工件。

④不准在机床主轴锥孔、尾座套筒锥孔及其他工具安装孔内，安装与其锥度或孔径不符、表面有刻痕和不清洁的顶尖、刀具、刀套等。

⑤传动及进给机构的机械变速、刀具与工件的装夹、找正以及工件的工序间的人工测量等均应在切削、磨削终止、刀具、磨具退离工件后停车进行。

⑥应保持刀具、磨具的锋利，如变钝或崩裂应及时磨锋或更换。

⑦切削、磨削中，刀具、磨具未离开工件时，不准停车。

⑧不准擅自拆卸机床上的安全防护装置，缺少安全防护装置的机床不准工作。

⑨液压系统除节流阀外其他液压阀不准私自调整。

⑩机床上特别是导轨面和工作台面，不准直接放置工具、工件及其他杂物。

⑪经常清除机床上的切屑、油污，保持导轨面、滑动面、转动面、定位基准面和工作台面清洁。

⑫密切注意机床运转情况、润滑情况，如发现动作失灵、振动、发热、爬行、噪声、异味、碰伤等异常现象，应立即停车检查，排除故障后，方可继续工作。

⑬机床发生事故时应立即按急停按钮，保持事故现场，报告有关部门分析处理。

⑭不准在机床上焊接和焊补工件。

4）工作后认真做到：

①将机械、液压、气动等操作手柄、阀门、开关等扳到非工作位置上。

②停止机床运转，切断电源、气源。

③清除切屑，清扫工作现场，认真擦净机床。在导轨面、转动面及滑动面、定位基准面、工作台面等处加油保养。

④认真将班中发现的机床问题，填到交接班记录本上，做好交班工作。

5.6.3 数控机床维护与保养的主要内容

数控机床维护与保养的主要内容见表 5-9。

表 5-9 数控机床维护与保养的主要内容

检查部位 \ 检查周期	每 天	每 月	每半年	每 年
切削液箱	观察箱内液面高度，及时添加	清理箱内积存切屑，更换切削液	清洗切削液箱、清洗过滤器	全面清洗、更换过滤器
润滑油箱	观察油标上油面高度，及时添加	检查润滑泵工作情况，油管接头是否松动、漏油	清洁润滑箱、清洗过滤器	全面清洗、更换过滤器

（续）

检查周期 检查部位	每　天	每　月	每半年	每　年
气源自动分水器、自动空气干燥器	检查气泵控制的压力是否正常、观察分油器中滤出的水分，及时清理	擦净灰尘、清洁空气过滤网	空气管道是否渗漏、清洗空气过滤器	全面清洗、更换过滤器
液压系统	观察箱体内液面高度、油压力是否正常	检查各阀工作是否正常、油路是否畅通、接头处是否渗漏	清洗油箱、清洗过滤器	全面清洗油箱、各阀，更换过滤器
电气系统与数控系统	运行功能是否有障碍，监视电网电压主是否正常	直观检查所有电气部件及继电器、连锁装置的可靠性。机床长期不用，则需通电空运行	检查一个试验程序的完整运转情况	注意检查存储器电池、检查数控系统的大部分功能情况
LCD 显示器及操作面板	注意报警显示、指示灯的显示情况	检查各轴限位及急停开关是否正常、观察LCD 显示	检查面板上所有操作按钮、开关的功能情况	检查 LCD 电气线路、芯板等的连接情况，并清除灰尘
强电柜与数控柜	冷风扇工作是否正常，柜门是否关闭	冷风扇工作是否正常，柜门是否关闭	清理控制箱内部，保持干净	检查所有电路板、插座、插头、继电器和电缆的接触情况
主轴箱	观察主轴运转情况注意声音、温度的情况	检查主轴上卡盘、夹具、刀柄的夹紧情况，注意主轴的分度功能	检查齿轮、轴承的润滑情况，测量轴承温升是否正常	清洗零、部件，更换润滑油，检查主传动带，及时更换。检验主轴精度，进行校准
电动机	观察各电动机运转是否正常	观察各电动机冷却风扇是否正常	各电动机轴承噪声是否严重，必要时可更换	检查电动机控制板情况，检查电动机保护开关的功能。对于直流电动机要检查电刷磨损、及时更换
刀具系统	检查刀具夹持是否可靠、位置是否准确、刀具是否损伤	注意刀具更换后，重新夹持的位置是否正确	刀夹是否完好、定位固定是否可靠	全面检查、有必要更换固定螺钉
换刀系统	观察转塔刀架定位、刀库送到、机械手定位情况	检查刀架、刀库、机械手的润滑情况	检查换刀动作的圆滑性，以无冲击为宜	清理主要零、部件，更换润滑油

（续）

检查部位 ＼ 检查周期	每 天	每 月	每半年	每 年
各移动导轨副	清除切屑及脏物，用软布擦净、检查润滑情况及划伤与否	清理导轨滑动面上刮屑板	导轨副上的镶条、压板是否松动	检验导轨运行精度，进行校准
滚珠丝杠	用油擦净丝杠暴露部位的灰尘和切屑	检查丝杠防护套，清理螺母防尘盖上的污物，丝杠表面涂油脂	测量各轴滚珠丝杠的反向间隙，予以调整或补偿	清洗滚珠丝杠上润滑油，涂上新油脂
防护装置	清除切削区内防护装置上的切屑与脏物、用软布擦净	用软布擦净各防护装置表面、检查有无松动	折叠式防护罩的衔接处是否松动	因维护需要、全面拆卸清理

复习与思考题

1. 数控镗铣削加工适用于哪些加工场合？各有何特点？

2. 试说明用 G92 和 G54 设定工件坐标系有何不同？

3. 铣刀刀具补偿有哪些内容？其目的、方法和指令格式如何？

4. 数控铣削加工时，被加工零件轮廓上的内转角尺寸是指哪些尺寸？为何要统一？

5. 回参考点指令 G27 与 G28 有何区别？

6. 在固定循环指令的执行过程中，有哪些特定动作？

7. 在数控铣床和加工中心上如何设置编程原点？如何进行多程序原点偏置？

8. "G90 G00 X25.0 Y37.0 Z20.0;"与"G91 G00 X25.0 Y37.0 Z20.0;"有什么区别？

9. 某工件的深度为（30±0.02）mm，由于对刀等误差，加工后实测深度为 29.92mm，原刀具长度补偿值为 10mm。现欲用改变刀具长度补偿值的方法来调整切削深度，请计算修改后的长度补偿值。

10. 编写图 5-56 所示平面曲线零件数控铣削加工程序，零件厚 10mm。

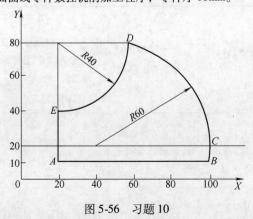

图 5-56 习题 10

11. 如图 5-57 所示的平面曲线零件，零件厚度为 10mm，加工过程为先铣削轮廓外形，然后进行孔加工，编写数控加工程序。

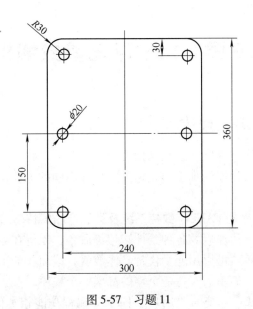

图 5-57 习题 11

12. 如图 5-58 所示，工件材料：2A12，刀具材料：W18Cr4V，粗铣背吃刀量：小于 3mm，精铣余量：0.5mm。要求：

1）确定加工方案，选择刀具及切削用量。

2）计算轨迹坐标。

3）编制一个粗、精加工程序，采用刀具半径补偿、循环程序等功能。

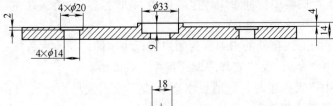

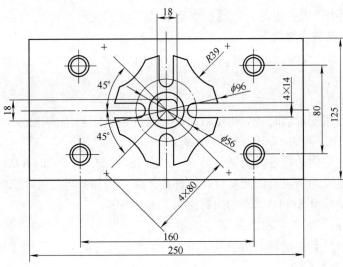

图 5-58 习题 12

第6章 宏程序与参数编程

6.1 宏程序与参数编程概述

在一般的程序中，程序字为常数，只能描述固定的几何形状，缺乏灵活性和适用性。若能用改变参数的方法使同一程序能加工形状相同但尺寸不同的零件，加工就会非常方便，也提高了可靠性。

1. 宏程序 用户宏程序是 FANUC 数控系统及类似产品的特殊编程功能。由于用户宏程序允许使用变量算术和逻辑运算以及各种条件转移等命令，使得在编制一些加工程序时与普通方法相比显得方便和简单，可以用变量代替具体数值，因而在加工同一类的工件时，只需将实际的值赋给变量即可，而不需对每一个零件都编一个程序。

2. 参数编程 与 FANUC 系统的"用户宏程序"编程功能相类似，在 SIEMENS 数控系统中，可以通过参数编程功能，在程序中对参数进行运算、赋值等处理。在参数编程中，"参数"相当于用户宏程序中的"变量"。

6.2 FANUC 系统宏程序编程

所谓用户宏程序其实质与子程序相似，它也是把一组实现某种功能的指令，以子程序的形式事先存储在系统存储器中，通过宏程序调用指令执行这一功能。在主程序中，只要编入相应的调用指令就能实现这些功能。

这一组以子程序的形式存储的指令称为用户宏程序本体，简称宏程序；调用宏程序的指令称为"用户宏程序命令"，或"宏程序调用指令（G65）"。

1. 变量 使用用户宏程序时，数值可以直接指定或用变量指定，当用变量时，变量值可用程序或由 MDI 设定或修改。

（1）变量的表示 变量需用变量符号"#"和后面的变量号指定。例如：#11，代表 11 号变量。

（2）变量的引用

1）在程序中使用变量值时，应指定后跟变量号的地址。当用表达式指定变量时，必须把表达式放在括号中。例如：G01 X[#11 + #22] F#3。

2）改变引用变量值的符号，要把负号（ - ）放在#的前面。例如：G00 X - #11。

3）当引用未定义的变量时，变量及地址都被忽略。例如：当变量#11 的值是 0，并且变量#22 的值是空时，G00 X#11 Y#22 的执行结果为 G00 X0。

注意：从这个例子可以看出，所谓"变量的值是 0"与"变量的值是空"是不同的，"变量的值是 0"相当于"变量的数值等于 0"，而"变量的值是空"则意味着"该变量所对应的地址根本就不存在"。

4）不能用变量代表的地址符有：程序号 O、顺序号 N、任选程序段跳转号/。例如以下情况不能使用变量：

O#11；　/O#22 G00 X100.0；　　N#33 Y200.0；

2. 算术和逻辑运算

（1）算术运算　以 FANUC 0i 数控系统为例，其算术运算见表6-1。

表6-1　算 术 运 算

加法	#i = #j + #k	除法	#i = #j/#k
减法	#i = #j − #k	正弦	#i = SIN［#j］
乘法	#i = #j * #k	余弦	#i = COS［#j］

（2）逻辑运算　以 FANUC0i 数控系统为例，其逻辑运算见表6-2。

表6-2　逻 辑 运 算

与	#i AND #j
或	#i OR #j
异或	#i XOR #j

（3）括号嵌套　用"［ ］"可以改变运算顺序，最里层的［ ］优先运算。括号［ ］最多可以嵌套 5 级（包括函数内部使用的括号），如图 6-1 所示。

图 6-1　括号嵌套

3. 赋值与变量　赋值是指将一个数据赋予一个变量。例如#1 = 0，则表示#1 的值是 0。其中#1 代表变量，"#"是变量符号（注意：根据数控系统的不同，它的表示方法可能有差别），0 就是给变量#1 赋的值。这里的" = "是赋值符号，起语句定义作用。

赋值规律如下：

1）赋值号" = "两边内容不能随意互换，左边只能是变量，右边可以是表达式、数值或变量。

2）一个赋值语句只能给一个变量赋值。

3）可以多次给一个变量赋值，新变量值将取代原变量值（即最后赋的值生效）。

4）赋值语句具有运算功能，它的一般形式为：变量 = 表达式。

在赋值运算中，表达式可以是变量自身与其他数据的运算结果，如：#1 = #1 + 1，则表示#1 的值为#1 + 1，这一点与数学运算是有所不同的。

5）赋值表达式的运算顺序与数学运算顺序相同。

6）辅助功能（M 代码）的变量有最大值限制，例如，M30 不能赋值为 300。

4. 转移和循环　在程序中，使用 GOTO 语句和 IF 语句可以改变程序的流向，有三种转移和循环操作可供使用。

（1）无条件转移（GOTO 语句）　转移（跳转）到标有顺序号 *n* 的程序段。当指定 1 ~ 99999 以外的顺序号时，会触发 P/S 报警 No. 128。其格式为：

GOTO *n*；*n* 为顺序号（1 ~ 99999）

例如：GOTO 99，即转移至第 99 行。

（2）条件转移（IF 语句）

1）IF［＜条件表达式＞］GOTO n。表示如果指定的条件表达式满足时，则转移（跳转）到标有顺序号 n 的程序段。如果不满足指定的条件表达式，则顺序执行下个程序段，如图 6-2 所示。

2）IF［＜条件表达式＞］THEN。表示如果指定的条件表达式满足时，则执行预先指定的宏程序语句，而且只执行一个宏程序语句。例如：IF［#1 EQ #2］THEN #3 = 10；如果#1 和#2 的值相同，10 赋值给#3。

图 6-2　条件转移

说明：

①条件表达式必须包括运算符。运算符插在两个变量中间或变量和常量中间，并且用"［　］"封闭。

②运算符由 2 个字母组成，见表 6-3，用于两个值的比较，以决定它们是相等还是一个值小于或大于另一个值。

表 6-3　运　算　符

运 算 符	含 义	英文注解	运 算 符	含 义	英文注解
EQ	等于(＝)	Equal	GE	大于或等于(≥)	Great than or Equal
NE	不等于(≠)	Not Equal	LT	小于(＜)	Less Than
GT	大于(＞)	Great Than	LE	小于或等于(≤)	Less than or Equal

例　求 1～100 的累加总和。

```
O8000
#1 = 0;                              存储和数变量的初值
#2 = 1;                              被加数变量的初值
N5  IF[#2  GT  100]  GOTO  99;       当被加数大于 100 时转移到 N99
#1 = #1 + #2;                        计算和数
#2 = #2 + 1;                         下一个被加数
GOTO  5;                             转到 N5
N99  M30;                            程序结束
```

（3）循环（WHILE 语句）　在 WHILE 后指定一个条件表达式，当条件满足时，执行从 DO 到 END 之间的程序；当条件不满足时，执行 END 后的程序段。

DO 和 END 后面的号是指定程序执行范围的标号，标号值可为 1、2、3，可重复使用，但不能用其他数值。

关于循环（WHILE 语句）说明如下：

1）DO 循环可以 3 重嵌套，如图 6-3 所示。

2）转移可以跳出循环的外边，图 6-4 所示。

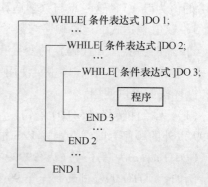

图 6-3　DO 循环的 3 重嵌套

3）DO *m* 和 END *m* 必须成对使用，DO *m* 要在 END *m* 指令之前，用识别号 *m* 来识别。

4）当指定 DO 而没有指定 WHILE 语句时，将产生从 DO 到 END 之间的无限循环。

5）在使用 EQ 或 NE 的条件表达式中，值为空或零的变量将会有不同的效果。而在其他形式的条件表达式中，空即被当作零。

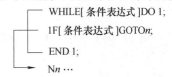

图 6-4　转移可以跳出循环的外边

6）条件转移（IF 语句）和循环（WHILE 语句）两者具有相当程度的相互替代性；条件转移（IF 语句）受到系统的限制相对更少，使用更灵活。

5. 宏程序的调用　指令格式：

G65　P ___　L ___　＜自变量赋值＞；

其中，P 为要调用的宏程序号；L 为宏程序重复运行的次数，重复次数为 1 时，可省略不写；＜自变量赋值＞为传递到宏程序的数据。

例如：

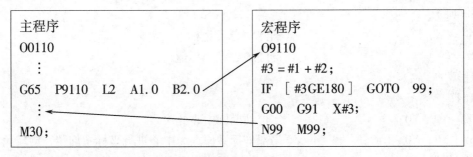

```
主程序
O0110
  ⋮
G65  P9110  L2  A1.0  B2.0
  ⋮
M30;
```

```
宏程序
O9110
#3 = #1 + #2;
IF ［#3GE180］ GOTO 99;
G00  G91  X#3;
N99  M99;
```

6. 应用举例　加工图 6-5 所示的三个椭圆。

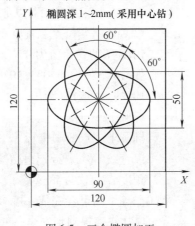

图 6-5　三个椭圆加工

主程序：

O0647

S1000　M03；

G54　G90　G00　X0　Y0　Z30.0；　　　　　　　程序开始，定位于原点上方

G65　P1647　X0　Y0　A45.0　B25.0　C0　I0　H1.0　D0　E1.0　F1000；

调用宏程序 O1647

G65　P1647　X0　Y0　A45.0　B25.0　C60.0　I0　H1.0　D0　E1.0　F1000；

　　　　　　　　　　　　　　　　　　　　　　　　调用宏程序 O1647

G65　P1647　X0　Y0　A45.0　B25.0　C120.0　I0　H1.0　D0　E1.0　F1000；

　　　　　　　　　　　　　　　　　　　　　　　　调用宏程序 O1647

M30；　　　　　　　　　　　　　　　　程序结束

自变量赋值说明：

#1 = （A）	椭圆长半轴长（对应 X 轴）
#2 = （B）	椭圆短半轴长（对应 Y 轴）
#3 = （C）	椭圆长半轴的轴线与水平的夹角（ + X 方向）
#4 = （I）	dZ（绝对值）设为自变量，赋初始值为 0
#11 = （H）	椭圆凹槽深度（绝对值）
#7 = （D）	角度设为自变量，赋初始值为 0°
#8 = （E）	角度#7 每次的递增量
#9 = （F）	进给速度 Feed
#24 = （X）	椭圆中心 X 坐标值
#25 = （Y）	椭圆中心 Y 坐标值

宏程序：

O1647

G00　X0　Y0；	定位到椭圆中心处
G68　X0　Y0　R#3；	局部坐标系原点为中心进行坐标系旋转，旋转角度#3
G00　X#1　Y0；	G00 快速定位到下刀点上方
Z3.0；	Z 快速下降到加工面以上 3 的位置
G01　Z - #11　F[#9 * 0.2]；	以 G01 进给降至当前加工深度
#7 = 0；	角度#7 的初始值为 0°
WHILE[#7LE370]DO1；	如#7 ≤ 370°（360° + 10° = 370°）椭圆轨迹多走一段 10°的（重合）距离
#5 = #1 * COS[#7]；	椭圆上一点的 X 坐标
#6 = #2 * SIN[#7]；	椭圆上一点的 Y 坐标
G01　X#5　Y#6　F#9；	以直线 G01 逼近走出椭圆（逆时针方向）
#7 = #7 + #8；	角度#7 每次以#8 递增
END1；	循环 1 结束（完成一圈多 10°的椭圆）
G00　Z30.0；	G00 快速提到到安全高度
G69；	取消坐标系旋转
M99；	宏程序结束返回

6.3　SIEMENS 系统参数编程

1. 参数　在 SIEMENS 数控系统中，参数由地址 R 与若干位数字组成，如：R100、R1、R300 等。除程序段号 N，以及程序号地址外，参数可以用来代替其他任何地址后面的数值。但是，使用参数编程时，地址与参数间必须通过" = "连接，这一点与宏程序编程不同。

如：N10　G00　Z = R15；当 R15 = 20 时，它与指令 G00　Z20 相同。

参数可以在主程序、子程序中进行定义（赋值），也可以与其他代码指令编在同一程序段中。如：

……

N30　R1 = 10　R2 = 20　R3 = − 5　S500　M03；

N35　G01　X = R1　F100；

……

2. 参数运算　参数与宏程序变量一样，也可以参与运算，它可以直接使用"运算表达式"进行。参数的运算见表 6-4 所示。

表 6-4　参数的运算

运　算	指令格式（表达式）示例	运　算	指令格式（表达式）示例
参数定义	R1 = 10	减法运算	R1 = R2 − R3
参数赋值	R1 = R2	乘法运算	R1 = R2 ∗ R3
参数取反	R1 = − R2	除法运算	R1 = R2/R3
加法运算	R1 = R2 + R3		

同样，常数也可以参与运算，而且在地址下亦可以直接使用表达式进行编程。如：

N35　R1 = 9.7　R2 = R1 − 11.8；

N40　G00　X = 20.3 + R1；

N45　Y = 32.9 − R2；

N50　Z = 19.7 − R1；

运算结果是：X30、Y35、Z10。

在参数编程中，其运算顺序不同于通常的四则运算，因为，参数运算的中间结果总是被存储在运算式的第一个参数中，这一参数的内容将多次改写。

如：当参数的初始赋值如表 6-5 所示时，执行运算指令：R1 = R2 + R3 − R4；其系统内部的运算步骤与各参数在每一步运算见表 6-5。

表 6-5　参数的运算步骤

运算步骤	执行的运算	R1	R2	R3	R4
初始状态	—	—	5	15	4
第一步运算	R1 = R2	5	5	15	4
第二步运算	R1 = R1 + R3	20	5	15	4
第三步运算	R1 = R1 − R4	16	5	15	4
最终运算结果	—	16	5	15	4

3. 参数的间接寻址　在参数编程方式下可以使用间接寻址的方式进行编程。这时应使用地址 P 进行指令，而 P 下数值指定的是 R 参数号，该 R 参数中的内容是最终参与运算的 R 参数号。例如：当 R3 = 5、R5 = 10 时，执行指令：R1 = 20 + P3；其结果为：R1 = 30，即相当于指令 R1 = 20 + R5。

4. 程序的跳转

（1）标记符　标记符可由 2～8 个字母或数据组成，其中开始两个字符必须是字母或下划线。跳转目标程序段中，标记符后面必须是冒号。标记符位于程序段段首，如果程序段有段号，则标记符紧跟着段号。在一个程序中，标记符不能含有其他意义。

N10　MARKE1：G01　X20；　　MARKE1 为标记符

……

TR789：G01　X10　Z20；　　　TR789 为标记符，跳转目标程序段，没有段号

（2）绝对跳转　NC 程序在运行时，一般以写入时的顺序执行程序段，但可以通过插入程序跳转指令改变执行顺序。跳转目标只能是有标记符的程序段，此程序段必须位于该程序之内。绝对跳转指令必须占用一个独立的程序段。绝对跳转指令说明见表 6-6，程序执行顺序如图 6-6 所示。

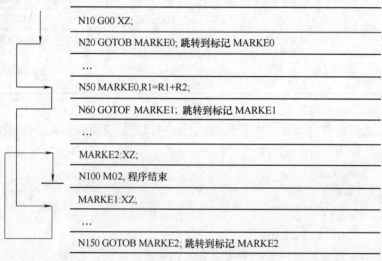

图 6-6　程序执行顺序

编程格式：

GOTOF　Label；　　　向前跳转

GOTOB　Label；　　　向后跳转

（3）有条件跳转　用 IF 条件语句表示有条件跳转，如果满足跳转条件（也就是值不等于零），则进行跳转。跳转目标只能是有标记符的程序段，该程序段必须在此程序之内。有条件跳转指令要求一个独立的程序段，在一个程序段中可以有许多个条件跳转指令。使用了条件跳转后有时会使程序得到明显的简化。

表 6-6　绝对跳转指令说明

指　令	说　明	指　令	说　明
GOTOF	向前跳转(向程序结束的方向跳转)	IF	跳转条件导入符
GOTOB	向后跳转(向程序开始的方向跳转)	条件	作为条件的计算参数,计算表达式

编程格式：

IF 条件 GOTOF　Label；向前跳转

IF 条件 GOTOB　Label；向后跳转

用比较运算也可以表示跳转条件。比较运算的结果又两种：一种为"满足"，另一种为"不满足"，"不满足"时该运算结果值为零。常用的比较运算符及其意义见表6-7。计算表达式也可用于比较运算。

表 6-7　常用的比较运算符及意义

运　算　符	意　　义	运　算　符	意　　义
= =	等于	<	小于
< >	不等	> =	大于或等于
>	大于	< =	小于或等于

举例：

R1 > 1；　　　　　　　　　　　　　　　　　（R1 大于 1）

R1 < R2 + R3；　　　　　　　　　　　　　　（R1 小于 R2 加 R3）

R6 > = SIN(R7 * R7)；　　　　　　　　　　[（R6 大于或等于 SIN(R7)^2]

5. 参数编程实例　如图 6-5 所示，加工 3 个椭圆。

加工主程序：

G64　G54　T01；　　　　　　　　　　　确定工件坐标系，连续路径，调用 1 号刀具

S1000　M03　F100；　　　　　　　　　　主轴正转，转速为 1000r/min，进给速度为 100mm/min

G00　X0　Y0　Z5；

L10；　　　　　　　　　　　　　　　　　调用子程序 L10

AROT　RPL = 60；　　　　　　　　　　　坐标系旋转 60°

L10；　　　　　　　　　　　　　　　　　调用子程序 L10

AROT　RPL = 120；　　　　　　　　　　坐标系旋转 120°

L10；　　　　　　　　　　　　　　　　　调用子程序 L10

G00　Z50；

M02；　　　　　　　　　　　　　　　　　程序结束

子程序

G00　X　45　Y0；

G01　Z - 1；

R1 = 45　R2 = 25　R3 = 1　R4 = 360；　　R1 为长半轴，R2 为短半轴，R3 起始角度，R4 为终止角度

MA1：　　　　　　　　　　　　　　　　　标记符

R5 = R1 * COS(R3) R6 = R2 * SIN(R3)；　参数运算

G01　X = R5　Y = R6；

R3 = R3 + 1；　　　　　　　　　　　　　参数运算

IF　R3 < R4 + 1　GOTOB　MA1；　　　　如果满足 R3 小于 R4 + 1 的条件，执行 MA1，否则程序向下继续执行

G00　Z5；

RET；　　　　　　　　　　　　　　　　　子程序结束

复习与思考题

1. 宏程序和参数编程有何特点？各适用于什么场合？

2. FANUC 数控系统的变量如何表示？解释 G65 程序段的功能。

3. FANUC 数控系统的变量类型有哪些？

4. SIEMENS 数控系统计算参数 R 是如何赋值的？

5. SIEMENS 数控系统标记符作用是什么？

6. 加工图 6-7 所示的箱体零件孔口圆弧倒角 $R5$。用 FANUC 系统宏程序编程和 SIEMENS 系统参数编程指令分别编写加工程序。

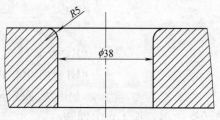

图 6-7　孔口倒圆弧角

第 7 章 自 动 编 程

7.1 自动编程概述

数控加工程序的编制主要有两种：手工编程和自动编程。对于几何形状不太复杂的零件，所需的加工程序不长，计算也比较简单，用手工编程比较合适。对于形状复杂的零件，手工编程很难胜任。为了解决数控加工中的程序编制问题，发展了自动编程。

自动编程是一种利用计算机技术辅助编程的方法。它是通过专用的计算机数控编程软件来处理零件的几何信息，实现数控加工刀位点的自动计算，编写零件加工程序清单等，有时甚至能帮助进行工艺处理。自动编程编出的程序还可通过计算机或自动绘图仪进行刀具运动轨迹的图形检查，编程人员可以及时检查程序是否正确，并及时修改。

对于复杂的零件，特别是具有非圆曲线曲面的加工表面，或者零件的几何形状并不复杂，但是程序编制的工作量很大，或者是需要进行复杂的工艺及工序处理的零件，由于这些零件在编制程序和加工过程中，数值计算非常繁琐，程序量很大，如果采用手工编程往往耗时多、效率低、出错率高，甚至无法完成，这种情况下就必须采用自动编程。

自动编程大大减轻了编程人员的劳动强度，提高效率几十倍乃至上百倍，同时解决了手工编程无法解决的许多复杂零件的编程难题。工作表面形状越复杂，工艺过程越繁琐，自动编程的优势越明显。

7.1.1 自动编程分类

自动编程的主要类型有：数控语言编程（如 APT 语言）、图形交互式编程（如 CAD/CAM 软件）、实物模型式自动编程和语音式自动编程等。

1. 语言编程 语言编程是编程人员用接近日常工艺词汇的一套编程语言，把加工零件的有关信息，如零件的几何形状、工艺要求、切削参数及辅助信息等用数控语言编成零件加工源程序，然后把该程序输入到计算机中，由计算机自动处理，最后得到并输出数控机床加工所需的程序。其中最具有代表性的就是 APT 语言。

以 APT 为代表的数控语言编程比起直接用数控代码编程序进了一步，它把编程中大量的繁琐、重复的数值计算转给计算机去做，减少了人的工作量。采用 APT 语言编制的数控程序虽然具有程序简练，进给控制灵活，使数控加工编程从面向机床指令的"汇编语言"级上升到面向具体加工模型的高度等优点，但是也有许多缺点。从根本上说，数控语言仍然是一种符号语言，人们要用好 APT 编写数控加工程序仍然要记忆很多符号和规则，仍然要写长长的程序清单。采用 APT 语言定义零件几何形状，难以描述复杂的几何形状，缺乏几何直观性，缺少对零件形状、刀具运动轨迹的直观图形显示和刀具轨迹的验证手段；难以和 CAD 数据库和 CAPP 系统有效连接；不容易做到高度的自动化和集成化。正是由于这些原因，APT 的应用实际上并不普遍。

2. 图形交互式编程 图形交互式编程是以计算机绘图为基础的自动编程方法，需要 CAD/CAM 自动编程软件支持。这种编程方法的特点是以工件图形为输入方式，并采用人机对话方式，而不需要使用数控语言编制源程序。

CAD/CAM 图形自动编程系统的特点是利用 CAD 软件的图形编辑功能将零件的几何图形绘制到计算机上，在图形交互方式下直接用图形方式输入零件的几何要素图形信息，进行定义、显示和编辑，得到零件的几何模型；然后调用 CAM 数控编程模板，采用人机交互的方式定义几何体、创建加工坐标系、定义刀具，指定被加工部位，输入相应的加工参数，确定刀具相对于零件表面的运动方式，生成进给轨迹，经过后置处理生成数控加工程序。

由于图形交互式编程技术完全用图形交互的方式输入零件几何要素和编辑加工路径，在交互过程中计算机会给出详细的操作提示，需要编程者记忆的内容很少，具有形象直观、高效及容易掌握等优点。编程者只要正确地设计零件的加工过程，选定合理的工艺参数就够了。

图形交互式编程是目前使用最广泛的自动编程方式。

3. 实物模型式自动编程　实物模型式自动编程适用于所有模型或实物以及无尺寸的零件加工的程序编制，它通过测头测量实物直接得到数控加工所需的数据，计算机根据此数据编写加工程序。因此，这种编程方式应具有一台坐标测量机，用于模型或实物的尺寸测量，再由计算机将所测数据进行处理，最后控制输出设备，输出零件加工程序。这种方法也称为数字化技术自动编程。

4. 语音式自动编程　它可以通过语音识别器，将编程人员发出的加工指令声音转变成加工程序。语音编程系统编程时，编程员只需对着话筒讲出所需指令即可。编程前应使系统"熟悉"编程员的"声音"，即首次使用该系统时，编程员必须对着话筒讲该系统约定的各种词汇和数字，让系统记录下来并转换成计算机可以接受的数字命令。

7.1.2　自动编程的方法与步骤

数控编程是从零件图样到获得数控加工程序的过程，其任务是计算和控制加工中的刀位点运动轨迹。数控加工程序可由手工编程或计算机自动编程来获得。

为适应复杂形状零件的加工、多轴加工、高速加工，一般计算机辅助编程的步骤为：

（1）零件的几何建模　对于基于图样以及型面特征点测量数据的复杂形状零件的数控编程，其首要环节是建立被加工零件的几何模型。

（2）加工方案与加工参数的合理选择　数控加工的效率和质量有赖于加工方案与加工参数的合理选择，其中刀具、刀轴控制方式、进给路线和进给速度的优化选择是满足加工要求、机床正常运行和刀具寿命的前提。

（3）刀具轨迹生成　刀具轨迹生成的首要目标是使所生成的刀具轨迹能满足无干涉、无碰撞、轨迹光滑、切削负荷光滑等要求并要求代码质量高。同时，刀具轨迹生成还应满足通用性好、稳定性好、编程效率高、代码量小等条件。

（4）数控加工仿真　由于零件形状的复杂多变以及加工环境的复杂性，要确保所生成的加工程序不存在任何问题十分困难，其中最主要的是加工过程中的过切与欠切、机床各部件之间的干涉碰撞等。数控加工仿真通过软件模拟加工环境、刀具路径与材料切除过程来检验并优化加工程序，具有柔性好、成本低、效率高且安全可靠等特点。

（5）后置处理　它将通过前置处理生成的刀位数据转换成适合于具体机床数据的数控加工程序。其技术内容包括机床运动学建模与求解、机床结构误差补偿、机床运动非线性误差校核和修正、机床运动的平稳性校核和修正、进给速度校核和修正以及代码转换等。

关于自动编程的内容与步骤还可参阅第 3 章图 3-27。

7.2　图形交互式自动编程

常用的基于 CAD/CAM 软件的交互式图形编程自动编程软件有：以色列的 Cimatron、美国 CNC 软件公司的 Master CAM、美国 UGS（Unigraphics Solutious）公司的 Unigraphics NX、我国北航海尔的 CAXA 制造工程师 XP、美国参数科技公司的 Pro/ENGINEER 等。

1. Pro/ENGINEER　Pro/ENGINEER 是美国参数科技公司（Parametric Technology Corporation，PTC）1989 年开发出的 CAD/CAE/CAM 软件，在我国有很多用户。它采用面向对象的单一数据库和基于特征的参数化造型技术，为三维实体造型提供了一个优良的平台，该系统用户界面简洁、概念清晰，符合工程人员零件设计的思路与习惯，是典型的参数化三维零件造型软件，有许多模块可供选择，操作方便、性能优良，这一点正是国内许多厂家选用 Pro/ENGINEER 作为机械设计软件的主要原因。零件的参数化设计，修改很方便，零件都设计完后，能进行虚拟组装，组装后的模型可以进行动力学分析，验证零件相互之间是否有干涉等。CAM 模块可以创建最佳加工路径，并允许 NC 编程人员控制整体的加工路径直到最细节的部分。该软件还支持高速加工和多轴加工，带有多种图形文件接口。Pro/ENGINEER 软件可运行于 Unix、Window NT、Windows2000 平台。

2. Unigraphics NX　Unigraphics NX 是 UGS 公司整合了原 UGS 公司的 UG 软件和 SDRC 公司的 IDEAS 软件，功能增多，性能比原先明显提高。机械产品设计从上而下（不同于以前的从零件图开始然后装配的从下而上的设计），从装配的约束关系开始，改变装配图中任一零件尺寸，所有关联尺寸会自动作相应的修改，大大减少了设计修改中的失误，思路更清晰，更符合机械产品的设计方法、习惯，即从装配图开始设计。Unigraphics NX 的 CAM 模块相比其他 CAM 软件，加工模式、进给方法、刀具种类等设定选项多、功能强。Unigraphics NX 的 CAD 数据交换功能方面可以实现经过格式转换后的模型同样进行修改。Unigraphics NX 是 CAD/CAM 软件中功能最丰富、性能最优越的软件。

3. Cimatron　Cimatron 系统是源于以色列为了设计喷气式战斗机所开发出来的软件。它集成了设计、制图、分析与制造，是一套结合机械设计与 NC 加工的 CAD/CAE/CAM 软件。从零件建模设计开始到模具设计、建立组件、检查零件之间是否关联、建立刀具路径、支持高速加工、图形文件的转换和数据管理等功能齐全。一般 CAD/CAM 软件所具有的通用功能它都具有。其 CAD 模块采用参数式设计，具有双向设计组合功能，修改子零件后装配件中的对应零件也随之自动修改。CAM 模块功能除了能对实体和曲面的混合模型进行加工外，其进给路径能沿着残余量小的方向寻找最佳路线，使加工路径最优化，从而保证曲面加工残余量最大值一致性好且无过切现象。CAM 的优化功能使零件、模具加工达到最佳的加工质量，此功能明显优于其他同类产品。该软件窗口界面不同于下拉式 Windows 菜单形式。该软件运行于 WindowNT 和 Windows2000 平台。

4. Master CAM　Master CAM 是由美国 CNC 软件公司开发的，是国内引进最早，使用最多的 CAD/CAM 软件。它具有二维、三维造型功能、数控加工功能等，其线框和曲面造型功能具有代表性。CAM 功能操作简便、易学，作为零件加工和 CAD/CAM 教学它是最合适的普及型软件。8.0 版本之后已有参数化造型功能，具有对各种连续曲面、实体表面加工的功能，自动过切保护以及刀具路径优化功能，可自动计算加工时间，并具有快速实体切削仿真功能，其后置处理程序支持铣、车、线切割、激光及多轴加工，并能提供多种图形文件接口，如 DXF、IGES、STEP、CADL、VDA 等，能直接读取 Pro/ENGINEER 的图形文件。

5. Solidworks Solidworks 是一套智能型的高级 3D 实体绘图设计软件。它运行于 Windows 平台，拥有直觉式的设计空间，是三维实体造型 CAD 软件中用得最普及的一个软件。它使用最新的物体导向软件技术，采用特征管理员的参数式 3D 设计方式及高效率的实体模型核心。开放式平台具有高度的兼容性，能与其他许多 CAE、CAM 软件兼容（即能插挂许多其他软件），如 Commose、Camworks、3D Intant Website 等，开放性软件用于二次开发很方便。CAD 功能能迅速而简捷地将一个模型分型为型心和型腔，所以在模具方面也很方便。同时也能提供多种图形文件接口。

7.3 Pro/ENGINEER 软件自动编程功能

7.3.1 Pro/ENGINEER 功能

1. 概念和工业设计 Pro/ENGINEER 在阐明和传递产品概念方面是无可匹敌的，可以使用它来分享构思，或者使用自由形式的曲面设计和逆向工程工具来细化概念。可以将设计直接发送到快速原型制造机器，或者传送到下游的 Pro/ENGINEER 应用程序。

2. 详细设计 无论产品有多复杂，都能改进设计和完整描述任何产品。

3. 仿真/分析 为了确保产品符合客户的期望，必须能够预测和考虑真实情况验证产品性能并优化产品设计。Pro/ENGINEER 仿真解决方案使工程师可以虚拟地测试产品性能，根据客户和工程要求进行优化设计。

4. 布线系统 Pro/ENGINEER 布线系统解决方案为电气、电缆敷设、管道设计以及制造业提供了全面实用的功能。

5. 协同设计、信息共享 利用 Pro/ENGINEER，远程用户不管在哪里都可以共享数字化产品信息，以举行实时的设计评审、协同设计会议或进行频繁的信息交流。

6. 制造 在新品开发中，工具开发和 NC 加工通常极大地滞后于产品设计，在生产中利用数字化模型，Pro/ENGINEER 生产解决方案使制造企业可以在产品设计的同时并行地创建工具、NC 刀具路径及加工测量程序。通过共享和直接参照 Pro/ENGINEER 设计，可以及早让生产和工具设计工程师参与到产品开发过程中来，他们为设计提出工艺要求。Pro/ENGINEER 在制造方面的特点如下：

1）可以进行工具设计、开发和分析。

2）可以为模具制造、原型和生产加工应用场合快速自动生成刀具路径，包括 2 ~ 5 轴铣削、2 ~ 4 轴车削和组合式切削加工、2 ~ 4 轴电火花加工、线切割加工、激光和数控冲床加工。

3）可以进行 NC 仿真、验证、优化和后处理。

4）可以进行 CAM 编程和首件检查。

7.3.2 Pro/ENGINEER 的 NC 模块简介

Pro/ENGINEER 是一个全方位的三维产品开发综合软件，作为集成化的 CAD/CAM/CAE 系统，在产品加工制造的环节上，同样提供了强大的加工制造模块——Pro/NC 模块。

Pro/NC 模块能生成驱动数控机床加工零件所必需的数据和信息。Pro/ENGINEER 系统的相关数据库能将设计模型的要求体现到加工信息中，能够使用户按照合理的工序将设计模型处理成 ASCII 码刀位数据文件，这些文件经过后处理变成数控加工数据。Pro/NC 模块生成的数控加工文件包括：刀位数据文件、刀具清单、操作报告、中间模型、机床控制文件等。

用户可以对所生成的刀具轨迹进行检查，如不符合要求，可以对 NC 数控工序进行修改；如果刀具轨迹符合要求，则可以进行后置处理，以便生成数控加工代码，为数控机床提供加工数据。

Pro/NC 模块的应用包括数控车床、数控铣床、数控线切割、加工中心等自动编程方法。

Pro/NC 模块是可以根据公司需求，对可用功能进行任意组合订购的可选模块，其不同模块及应用范围见表 7-1。

表 7-1　Pro/NC 模块及其应用范围

模 块 名 称	应 用 范 围
Pro/NC-TURN	执行 2~4 轴车削和钻中心孔
Pro/NC-MILL	执行 2.5~3 轴铣削和孔加工
Pro/NC-WEDM	执行 2 轴和 4 轴的线切割
Pro/NC-ADVANCED	执行 2 轴和 4 轴车削及孔加工 执行 2.5 轴到 5 轴铣削和孔加工 执行 2 轴和 4 轴的线切割

7.3.3　Pro/NC 数控加工的流程和概念

1. Pro/NC 数控加工基本流程　在数控机床加工零件时，首先要根据零件图样进行工艺分析和数值计算，编写出程序清单，然后将程序代码输入到机床控制系统中，从而控制机床的各部分动作，最后加工出符合要求的产品。

数控加工的主要过程如下：

1）根据零件图建立加工模型特征。

2）设置被加工零件的材料、工件的形状与尺寸。

3）设计加工机床参数，确定加工机床的型号、规格等各项参数。

4）选择加工方式，确定加工零件的定位基准面、加工坐标系和编程原点。

5）设置加工参数（如机床主轴转速、进给速度等）。

6）进行加工仿真，修改刀具路径达到最优。

7）后期处理生成 NC 代码。

8）根据不同的数控系统对 NC 作适当的修改，将正确的 NC 代码输入数控系统，驱动数控机床运动。

2. Pro/NC 数控加工的基本术语

（1）参照模型　参照模型也称为设计模型，是所有制造操作的基础，在参照模型上可以选取特征、曲面和边线作为刀具路径轨迹的参照。通过参照模型的几何要素，可以在参照模型与工件之间设置建立相关链接。由于有了这种链接，在改变参照模型时，所有相关的加工操作都会被更新，以反映所作的改变，从而充分体现全参数化的优越性，提高工作效率，降低出错的概率。

（2）工件　工件就是工程上的毛坯，是加工操作的对象。工件的几何形状为被加工零件未经过材料切除前的几何形状。

（3）制造模型　制造模型一般由参照模型和工件组合而成。

3. Pro/NC 软件用户界面　Pro/ENGINEER 各个模块的用户界面基本相同，下面以数控加工界面为例进行说明。数控加工界面可以划分为 7 个功能区域，如图 7-1 所示。

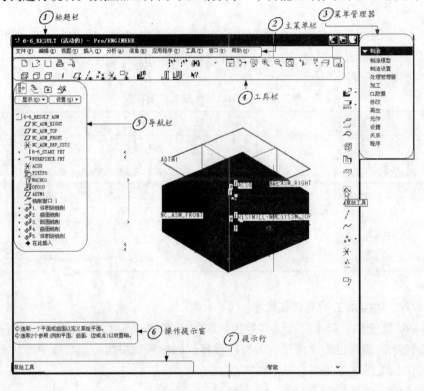

图 7-1　用户界面

各功能区域的说明如下：

（1）标题栏　显示当前文件的名称，在标题栏中可以关闭、移动和最小化窗口。

（2）主菜单栏　主菜单栏主要有文件、编辑、视图、插入、分析、信息、应用程序、工具、窗口和帮助 10 个菜单组成，每个菜单中又分别包含了一系列的命令。最基本的操作可以在主菜单中选择。

（3）菜单管理器　用来执行对应模块各项任务的层叠菜单，随着模块和执行命令的不同而发生变化。

（4）工具栏　工具栏中包含了可以执行各种命令的功能按钮，在工具栏上单击鼠标右键，在弹出的快捷菜单中可以选择是否显示某一工具条。

（5）导航栏　导航栏中包括模型树、公用文件夹、收藏夹和连接 4 部分，如图 7-2 所示。其中模型树最为重要。模型树中记录了所有的操作，可以随时对这些操作的参数进行修改。

（6）操作提示窗　操作提示窗中显示了下一步要进行操作的提示信息，对用户起到指导作用。初学的用户在操作的过程中可以参照操作提示窗中的信息进行操作。

（7）提示行　提示行会提示所选对象的含义，例如，将鼠标放在█按钮上，提示行中会显示该按钮的名称"草绘工具"。

4. Pro/NC 软件制造菜单　打开 Pro/ENGINEER 软件后，选择【制造】类型，选择子类型为【NC 组件】，然后选择加工的模板文件，如图 7-3 所示。单击【确定】按钮，进入 NC 加工界面后，系统会自动在右侧显示【制造】模块相应的【菜单管理器】，其中各项的含义如图 7-4 所示。

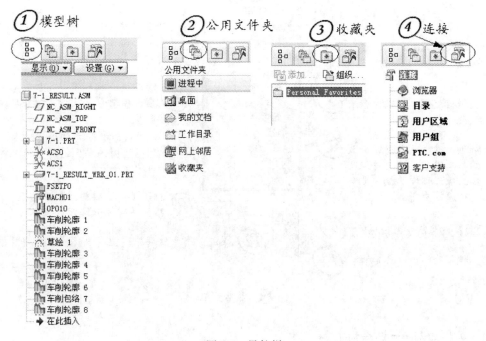

图 7-2　导航栏

图 7-3　选择加工模板

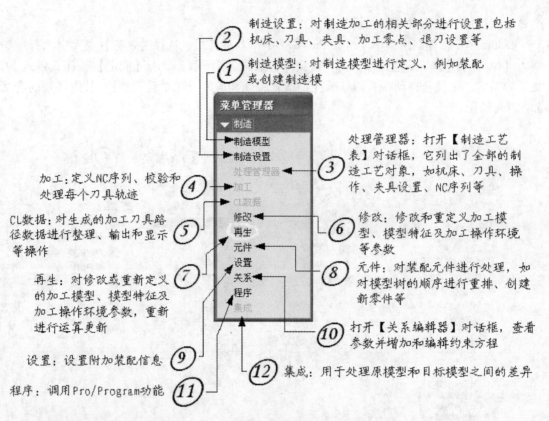

制造设置：对制造加工的相关部分进行设置，包括机床、刀具、夹具、加工零点、退刀设置等 ②

制造模型：对制造模型进行定义，例如装配或创建制造模 ①

处理管理器：打开【制造工艺表】对话框，它列出了全部的制造工艺对象，如机床、刀具、操作、夹具设置、NC序列等 ③

加工：定义NC序列、校验和处理每个刀具轨迹 ④

CL数据：对生成的加工刀具路径数据进行整理、输出和显示等操作 ⑤

修改：修改和重定义加工模型、模型特征及加工操作环境等参数 ⑥

再生：对修改或重新定义的加工模型、模型特征及加工操作环境参数，重新进行运算更新 ⑦

元件：对装配元件进行处理，如对模型树的顺序进行重排、创建新零件等 ⑧

设置：设置附加装配信息 ⑨

打开【关系编辑器】对话框，查看参数并增加和编辑约束方程 ⑩

程序：调用Pro/Program功能 ⑪

集成：用于处理原模型和目标模型之间的差异 ⑫

图7-4 制造菜单

7.3.4 入门实例——凸台加工

图7-5 所示为一凸台模型，凸台形状比较简单，是一个凸台直壁，上表面和下表面均为平面，加工时可选择面铣刀进行加工。

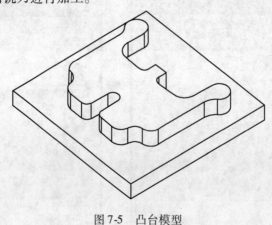

图7-5 凸台模型

1. 初始化设置　在规划加工操作之前，首先应进行初始化设置，包括参考模型的加载、工件的设置、机床的设置、加工零点与退刀曲面的选择等。

按表 7-2 所示的步骤进行初始化设置。

表 7-2　初始化设置

1. 鉴于生成的加工文件较多,所以设置专用的目录进行存放。选择主菜单中的【文件】—【设置工作目录】命令,设置工作目录	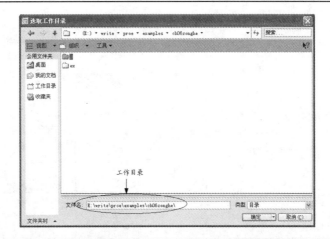
2. 单击【新建】按钮□,在打开的【新建】对话框中选择【制造】模块,在子类型中选择【NC组件】子类型,设置加工文件模板	 
3. 在【菜单管理器】中选择【制造模型】—【装配】—【参照模型】命令,在打开的对话框中选择参考模型,将其打开,选择默认的装配模式,选择参照模型类型为【同一模型】	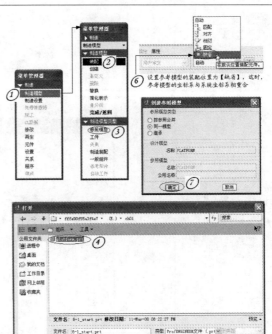

（续）

4. 选择【自动工件】功能,创建的工件刚好将参考模型包络,用户可以修改工件的透明度	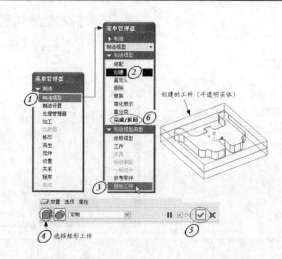
5. 为了显示的方便,首先将工件隐藏。在【菜单管理器】中选择【制造设置】命令,打开【操作设置】对话框	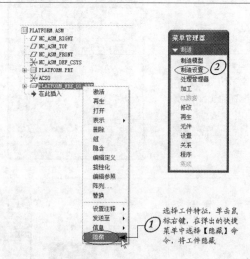
6. 打开的【操作设置】对话框如右图所示,可以通过该对话框设置机床参数、加工零点和退刀曲面	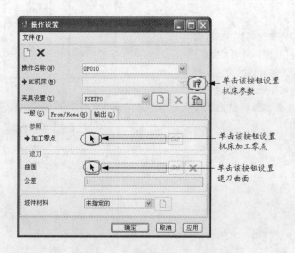

7. 在【操作设置】对话框中单击 按钮，打开【机床设置】对话框，设置机床参数如右图所示，用户可以进行更加详细的设置，如设置主轴参数、进给量参数和切削刀具参数等

8. 在【操作设置】对话框中单击 按钮可以设置加工零点。在工件的上表面创建新的坐标系，然后选择该坐标系，系统将默认该坐标系原点为加工零点

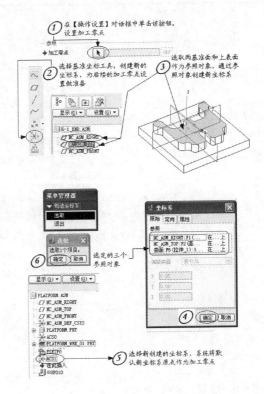

（续）

9. 在【操作设置】对话框中单击 按钮设置退刀曲面。选择新创建的坐标系作为参照，设置退刀曲面与工件上表面的距离为5,单击【确定】按钮退出【操作设置】对话框	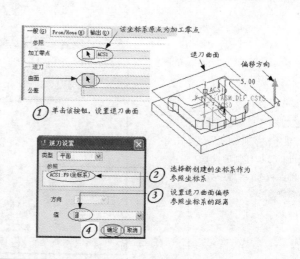

2. 体积块粗加工操作　规划体积块粗加工刀具路径，实现对工件的粗加工。体积块粗加工操作步骤见表7-3。

表7-3　体积块粗加工操作步骤

1. 在工具栏中选择铣削体积块工具 ，再选择工具栏中的拉伸工具 ，进入草图绘制界面	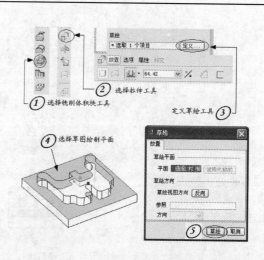
2. 在草绘工具中选择通过边创建图元工具 ，将参考模型的所有边线投影到草绘平面中,完成并退出草图绘制,设置拉伸距离为20(凸台的高度),将参考模型隐藏后,创建的体积块如右图所示	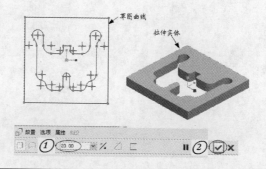

（续）

3. 选择【分析】—【测量】—【直径】命令，选择最小圆弧面作为分析对象，分析的结果如右图所示。以同样的方法测量其他相关尺寸，为后续的刀具选择提供参考

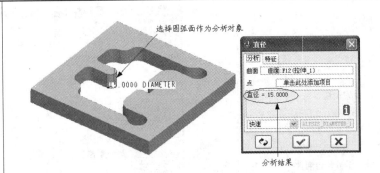

4. 选择【体积块】加工方法，设置序列参数，如右图所示

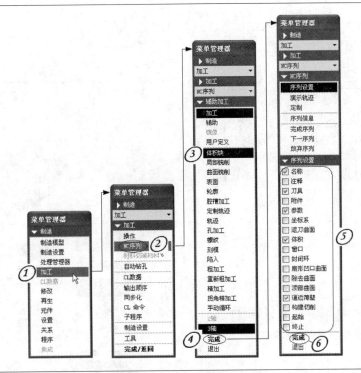

5. 输入序列的名称，设置刀具参数。刀具的尺寸和形状要与参照模型的切削部分相对应

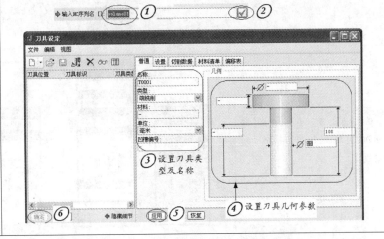

（续）

6. 设置制造参数,其中加工预留量(允许未加工毛坯)为0.5,跨度和步长深度决定了刀具路径的密度,进给速度和主轴转速影响加工质量和切削效率	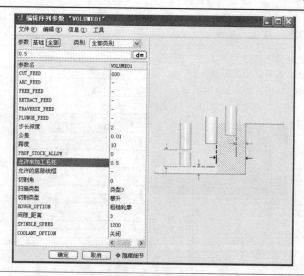
7. 为了选择的方便,将其他实体隐藏,单独显示铣削体积块,并选择其为加工对象	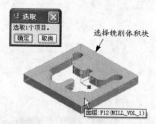
8. 选择铣削体积块周围的侧面作为进给和退刀的侧壁	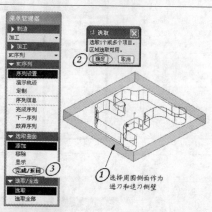
9. 全部设置完毕后,选择【演示轨迹】功能,检测刀具路径的合理性	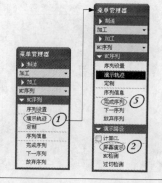 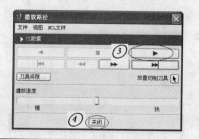

（续）

10. 创建的刀具路径如右图所示，由图中可以看出，刀具过大，无法加工槽内的最小圆角；同时，刀具路径超出槽的范围，会导致过切	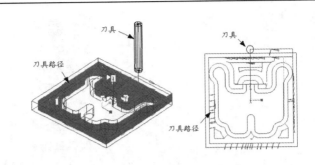

3. 过切检查　为了确保加工操作的正确性，需要对体积块粗加工的操作进行过切检查，以确保加工的正确性。过切检查操作步骤见表7-4。

表7-4　过切检查操作步骤

1. 选择创建的体积块铣削操作，对其进行过切检测，如右图所示	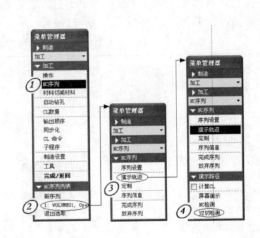
2. 将参照模型(零件)显示，选择参照模型作为检测对象	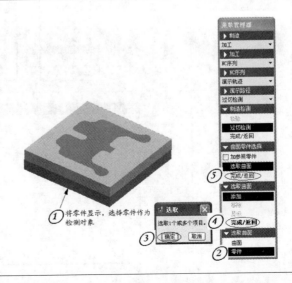

（续）

3. 运行过切检测,在窗口底部的提示信息中可以看到,不存在过切情况	

4. **体积块铣削编辑** 完成一个操作的规划后，可以随时进行修改。由于创建的体积块铣削操作刀具过大（直径为 $\phi15mm$），同时，在逼近薄壁定义中，需要增加所有的竖直面。现根据需要对其进行修改，操作步骤见表 7-5。

表 7-5 体积块铣削操作步骤

1. 刀具路径过切的原因是因为进给和退刀侧壁设置错误,另外,刀具尺寸过大,现对两者进行编辑。启动【NC 序列】命令,选择先前所创建的体积块铣削操作,选择【序列设置】命令,选择【刀具】和【逼近薄壁】两个参数进行编辑	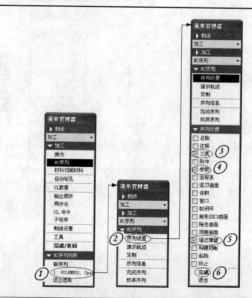
2. 将刀具直径修改为 10mm, 如右图所示	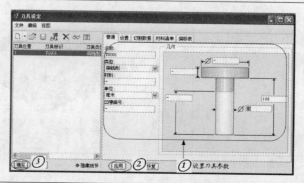

（续）

3. 编辑好刀具参数后,对应的序列参数也需要相应的改变,例如,将跨度修改为7,如右图所示	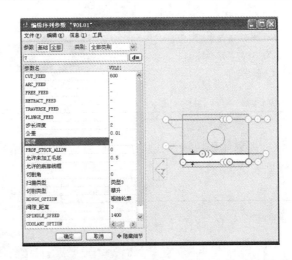
4. 选择全部体积块的竖直曲面作为定义逼近薄壁的参考,这些曲面将作为刀具进入或退出体积块的曲面	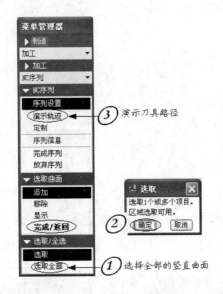
5. 对刀具路径进行演示,确认无误后完成序列设置	 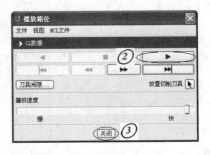

（续）

6. 创建的刀具路径如右图所示，从图中可以看出，刀具路径位于槽内，满足加工要求	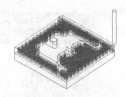

5. 操作 规划体积块精加工刀具路径，对粗加工留下的残料进行精加工。体积块精加工操作步骤见表 7-6。

表 7-6 体积块精加工操作步骤

1. 创建新序列。选择【NC 序列】—【体积块】加工方式，设置序列参数	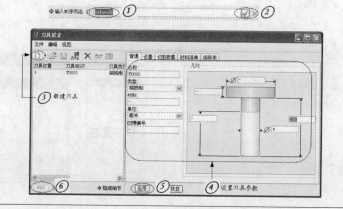
2. 输入 NC 序列的名称，新建刀具并设置刀具参数，如右图所示	

3. 设置序列参数,其中扫描类型采用【类型螺旋】方式,ROUGH-OPTION 选项选择【口袋】选项,跨度数值决定了刀具路径的横向密度,步长深度数值决定了刀具路径的纵向密度	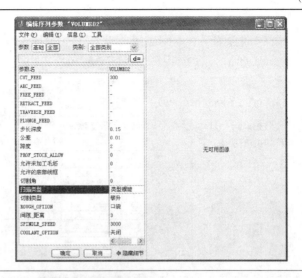
4. 设置退刀曲面,然后选择体积块作为加工对象。为了便于选择,最好将其他部件隐藏	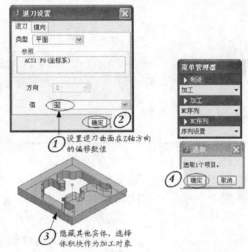
5. 选择体积块四周的曲面作为要排除的曲面,系统将不在这些曲面上生成刀具路径	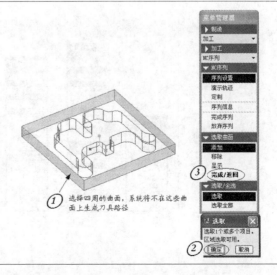

（续）

6. 演示刀具路径并进行过切检测，验证操作的正确性，确认无误后完成序列	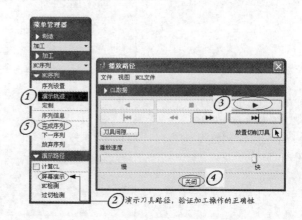 ② 演示刀具路径，验证加工操作的正确性
7. 创建的刀具路径如右图所示，因为精加工刀具路径用来清理粗加工留下的残料，所以刀具路径在侧面和底面是单层的	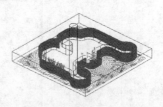

为了保证加工的正确性，在每一个操作完成后应进行过切检测。

6. 后置处理　全部序列完成并确认无误后，进入后置处理操作。后处理操作步骤见表7-7。

表7-7　后处理操作步骤

1. 选择【CL 数据】选项，按如右图所示的步骤输出 NCL 文件	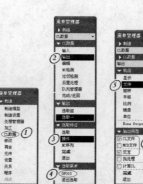

（续）

2. 在弹出的【后置处理列表】中选择【UNCX01.P12】选项，会在指定的硬盘位置输出相应的程序文件 op010. tap，如右图所示	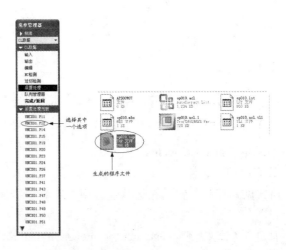
3. 将文件程序文件 op010. tap 打开，如右图所示，可以对这些程序进行检测和修改	

Pro/ENGINEER 因其功能强大、使用方便、适用于任何规模的企业等优点而得到广泛的应用，这里介绍的是入门级的知识，读者应理解入门实例中所涉及的数控加工操作流程及参数设置等知识，为深入学习打下良好的基础。

复习与思考题

1. 自动编程有何特点？
2. 自动编程有哪些种类？各有何特点？
3. 简述自动编程的一般方法与步骤。
4. 什么是图形交互式自动编程？请介绍几种常用软件。
5. Pro/ENGINEER 软件有哪些功能？
6. 概述 Pro/ENGINEER 软件的 NC 功能模块工作流程。

附　录

附录A　数控加工常用术语解释及中英文对照

（节选自 GB/T 8129—1997《工业自动化系统　机床数值控制　词汇》）

1. 一般术语　general terms

（1）数值控制，数控　numerical control，NC

用数值数据的控制装置，在运行过程中，不断地引入数值数据，从而对某一生产过程实现自动控制。

（2）计算机数值控制　computerized numerical control，CNC

用计算机控制加工功能，实现数值控制。

（3）分布式数值控制　distributed numerical control，DNC

在生产管理计算机和多个数控系统之间分配数据的分级系统。

（4）轴　axis

机床的部件可以沿着其作直线移动或回转运动的基准方向。

（5）传感器　sensor

由一物理量激励，给出表示该物理量大小的信号的装置。

（6）绝对尺寸　absolute dimension

绝对坐标值　absolute coordinates

距一坐标系原点（datum）的直线距离或距基本坐标轴的角度。

（7）增量尺寸　incremental dimension

增量坐标值　incremental coordinates

在一序列点的测量中，各点距其前一点的距离或角度值。

（8）最小输入增量　least input increment

在加工程序中可以输入的最小增量单位。

（9）最小命令增量　least command increment

从数值控制装置发出的命令坐标轴移动的最小增量单位。

（10）刀具路径　tool path

切削刀具上的规定点所走过的路径。

（11）插补　interpolation

在所需的路径或轮廓线上的两个已知点间，根据某一数学函数（例如，直线、圆弧或高阶函数），确定其多个中间点的位置坐标值的运算过程。

（12）适应控制　adaptive control

在控制系统运行过程中，根据实际检测出的状况不断地调整控制系统的参数，实现实时控制的控制方法。

（13）通用处理程序　general purpose processor

计算机的一种程序。该程序对零件程序进行计算，为实际零件准备刀具位置数据，但不考虑具体的加工机床。

（14）后置处理程序　post processor

计算机的一种程序。通过具体机床和控制器的结合，该程序将通用处理程序的输出变换成适用于某零件生产的加工程序。

2. 字符　*characters*

（1）字符　character

用于表示、组织或控制数据的一组元素符号。

（2）控制字符　control character

出现于特定的信息文本中，表示某一控制功能的字符。

（3）删除字符　delete character

能去掉纸带上不需要的字符的控制字符。

（4）程序段结束字符　end-of-block character

指示出输入数据的一个程序段结束的控制字符。

（5）传输控制字符　transmission control character

用于控制或实现数据终端设备间数据传输的控制字符。

（6）取消　cancel

取消以前已经命令的功能的命令。

（7）程序结束　end of program

表示工件加工结束的辅助功能。

（8）数据结束　end of data

程序段的所有命令执行完后，使主轴功能和其他功能（例如冷却功能）均被取消的辅助功能。

（9）程序停止　program stop

程序段的所有命令执行完后，取消主轴功能或其他功能（例如冷却功能），并终止其后的数据处理的一种辅助功能。

（10）复位　reset

用来将装置恢复到预先确定的初始位置，但不一定是零状态的辅助功能。

3. 编程　*programming*

（1）地址　address

在一个字开始处的字符或一组字符，用来辨认其后的数据。

（2）程序段　block

程序中为了实现一种操作的一组指令字的集合。

（3）工序单　planning sheet

为编制零件的加工程序所准备的零件加工过程表。

（4）执行程序　executive program

在 CNC 系统中，建立运行能力的指令集合。

（5）运算语句　operational statement

程序的命令。其中含有功能助记符，其后有一个、多个或一组表明其指令性质的变量。

（6）子程序　subprogram

加工程序的一部分。子程序可由适当的加工控制命令调用而生效。

（7）零件程序　part program

在自动加工中，为了使自动操作有效，按某种语言或是某种格式书写的顺序指令集。零件程序是写在输入介质上的加工程序，也可以是为计算机准备，经处理后得到加工程序的输入数据。

（8）加工程序　machine program

在自动加工中，按自动控制语言和格式书写的顺序指令集。这些指令记录在适当的输入介质上，完全能在自动控制系统中有效地实现直接的操作。

（9）手工零件编程　manual part programming

手工进行零件加工程序的编制。

（10）计算机零件编程　computer part programming

用计算机和适当的通用处理程序以及后置处理程序准备零件程序得到加工程序。

（11）绝对编程　absolute programming

用表示绝对尺寸的控制字进行编程。

（12）增量编程　increment programming

用表示增量尺寸的控制字进行编程。

（13）程序段格式　block format

字、字符和数据在一个程序段中的安排方式。

（14）程序段格式规范　block format specification

格式规范　format specification

程序段格式的规定。

（15）地址程序段格式　address block format

一种程序段格式。该段中的每一控制指令字都有一个地址。

（16）可变程序段格式　variable block format

一种程序段格式。该段中的控制指令字的顺序是固定的，但具体字只是在指定新值时才出现在程序段中，因此，程序段中的字数是可变的。

（17）刀具位置数据，刀位数据　cutter location data，CL data

在计算机编程系统中，表示由通用处理程序确定的刀具路径的数据。

（18）程序号检索　program number search

在多个加工程序中，找出或调出用号码编址的某个加工程序。

（19）程序名检索　program name search

在多个加工程序中，找出或调出用名字编址的某个加工程序。

4. 输入数据　input data

（1）输入数据　input data

由人工、磁性介质或电气介质（例如软磁盘或集成电路卡）送入控制器的编码指令。

（2）手动数据输入　manual data input，MDI

CNC 系统的一种工作方式。该方式是由手动在数控机床上输入数据以生成零件程序。

（3）命令　command

使机器产生动作或实现功能的操作指令。

（4）指令码　instruction code

机器码　machine code

计算机指令代码

机器语言

用来表示某指令集的指令的代码。

（5）制带　tape preparation

将零件程序记录到穿孔纸带或磁性介质上。

（6）控制带　control tape

记录有加工程序的纸带或磁带。

（7）程序号　program number

以号码识别加工程序时，在每一程序的前端指定的编号。

（8）程序名　program name

以名称识别加工程序时，为每一程序指定的名称。

（9）顺序号　sequence number

在加工程序中，为了表示程序段的相对位置而为每一程序段指定的编号。

5. 运行方式　mode of operation

（1）命令方式　command mode

手动操作方式。

（2）定位控制系统　positioning control system

一种数值控制。该控制中：

1）各数控轴的运动根据指令运行。指令中只指定下一位置的信息。

2）各被控轴的位移不协调一致，可以同时移动，也可以顺序移动。

3）输入数据中不指定速度。

（3）直线运动控制系统　line motion control system

一种数值控制。该控制中：

1）各数控轴的运动根据指令运行。指令中既指出所需的下一位置值，也指出移到该位置所需的进给速度。

2）不同轴的位移可以彼此不协调。

3）各数控轴的运动只是平行于直线的、圆弧的或其他加工的路线。

（4）轮廓控制系统　contouring control system

一种数值控制。该控制中：

1）两个或两个以上的数控轴的运动根据指令运行。指令中既指出了所需的下一位置值，也指出了移动到该位置的进给速度。

2）各轴的进给速度是根据相互位置关系而变化的，从而加工出所需的轮廓。

6. 加工功能　machine function

（1）准备功能　preparatory function

使机床或控制系统建立加工功能方式的命令。

（2）辅助功能　miscellaneous function

控制机床或系统的开关功能的一种命令。

（3）刀具功能　tool function

依据相应的格式规范，识别或调入刀具及与之有关功能的规格命令。

（4）进给功能　feed function

定义进给速度的命令。

（5）主轴速度功能　spindle speed function

定义主轴速度的命令。

（6）镜像功能　mirror image function

使一个或多个轴的编程坐标位置值乘以－1的功能。

（7）进给暂停　feed hold

在加工程序执行期间，暂时中断进给的功能。

（8）Z轴进给取消　Z-axis feed cancel

执行加工程序时，使Z轴不移动的功能。

（9）跳越功能　skip function

跳到下一程序段的功能。

（10）固定循环　fixed cycle，canned cycle

预先设定的一些操作命令，根据这些操作命令使机床坐标轴运动，主轴工作，从而完成固定的加工动作。例如，钻孔、镗削、攻螺纹以及这些加工的复合动作。

（11）暂停　dwell

在程序执行期间建立一段非循环或非顺序的延时。

（12）互锁旁路　interlock bypass

暂时地避免执行正常互锁的命令。

（13）程序段选跳　optional block skip

程序段删除　block delete

使数控系统忽略带有"/"开始字符的程序段执行的功能。

（14）选择停机　optional stop

类似于程序停止的辅助功能。两者的区别是：选择停机必须在程序执行前由操作者预先使停机命令有效。

（15）主轴定向停止　oriented spindle stop

使主轴停止在预先确定好的转角位置的功能。

（16）倍率　override

使操作者在加工期间能够修改速度的编程值（例如，进给速度、主轴转速等）的手动控制功能。

（17）初始化　initialization

建立加工初始条件的一系列顺序操作。

（18）顺时针圆弧　clockwise arc

围绕刀具参考点路径中心，按负角度方向旋转所形成的圆弧路径。

（19）逆时针圆弧　counter-clockwise arc

围绕刀具参考点路径中心，按正角度方向旋转所形成的轨迹。

（20）自动工作方式　automatic mode of operation

数控机床的一种工作方式。该方式下，机床按控制数据工作，直至由程序或操作者使机床停止为止。

（21）单程序段工作方式　single block mode of operation

数控机床的一种工作方式。该方式下，由操作者起动后，机床即以自动工作方式进行工作，当控制数据的一个程序段执行完毕后，即停止工作。

（22）程序带检索　tape search

能使操作者在程序带上寻找所需的程序段的控制功能。通常是借用选择开关使纸带阅读机寻找需要的程序段的序号或参考标记。

（23）线电极的轨迹校正　wire electrode path correction

在线电极切割机放电加工期间，对线电极的编程路径和实际路径之间的差值进行修正。

（24）锥度切割控制　taper cutting control

在线电极切割机放电加工时，对线电极或工件的倾角的控制。

（25）回退控制　reversible control

电极沿着先前的加工路径回退，以消除线电极或工具电极与工件之间的短路。

（26）平动机构控制　planetary machinery control

为了达到所要求的尺寸，在放电加工中对电极或工件的平动运动的控制。

（27）伺服进给控制　servo feed control

对电极或工件的进给传动控制，将放电电压或放电电流返馈，以便使电路或工具电极和工件间的放电间隙保持在预先确定的状态。

（28）刀具路径进给速度　tool path feedrate

刀具上的参考点沿着刀具路径相对于工件移动时的速度。其单位通常用每分钟或每转的移动量来表示。

7. 加工特性　machine characteristics

（1）机床坐标系　machine coordinate system

定位于机床上，以机床零点为基准的笛卡儿坐标系。

（2）机床坐标原点　machine coordinate origin

机床坐标系的原点。

（3）工件坐标系　workpiece coordinate system

定位于工件上的笛卡儿坐标系。

（4）工件坐标原点　workpiece coordinate origin

工件坐标系的原点。

（5）刀具坐标系　tool coordinate system

定位于刀具机构上的笛卡儿坐标系。

（6）刀具坐标原点　tool coordinate origin

刀具坐标系的原点。

（7）机床零点　machine zero

由机床制造者规定的机械原点。

（8）参考位置　reference position

机床起动用的沿着坐标轴上的一个固定点，它可以用机床坐标原点为参考基准。

（9）起始位置　home position

用于更换刀具或交换托盘的坐标轴上的一个固定点，它可以用机床坐标原点为参考基准。

（10）换刀位置　tool change position

用于更换刀具的机床坐标轴上的一个点，它可以用机床坐标原点为参考基准。

（11）托盘交换位置　pallet change position

用于托盘交换的机床坐标轴上的一个点，它可以用机床坐标原点为参考基准。

（12）预定位置　predefined position

在机床坐标系上预先确定的点，它可以作为坐标轴定位用。

8. 定位和测量　positioning and measuring

（1）绝对位置传感器　absolute position sensor

一种可以根据设定原点直接给出机床某一部件坐标位置的传感器。

（2）增量位置传感器　incremental position sensor

可以直接测出机床某一部件位置变化量的一种传感器。

（3）零点偏置　zero offset

数控系统的一种特性。它容许数控测量系统的原点在指定范围内相对于机床零点移动。但其永久零点则应存储在数控系统中。

（4）浮动零点　floating zero

数控系统的一种特性。允许数控测量系统的原点设在相对于机床零点的任一坐标位置。其永久零点不必存储在数控系统中。

（5）刀具偏置　tool offset

在一个加工程序的全部或指定部分，施加于机床坐标轴上的相对位移。该轴的位移方向，由偏置值的正负号来确定。

（6）刀具长度偏置　tool length offset

在刀具长度方向上的刀具偏置。

（7）刀具半径偏置　tool radius offset

刀具在两个坐标轴方向的刀具偏置。

（8）间隙距离　clearance distance

从快速接近变为切削进给时，为了避免撞刀，而定的工件与刀具的距离。

（9）刀具半径补偿　cutter compensation

垂直于刀具路径的位移。用来修正实际的刀具半径与编程的刀具半径的差异。

附录 B　加工中心操作工国家职业标准（节选）

1. 职业概况

1.1　职业名称

加工中心操作工。

1.2　职业定义

从事编制数控加工程序并操作加工中心机床进行零件多工序组合切削加工的人员。

1.3　职业等级

本职业共设四个等级，分别为：中级（国家职业资格四级）、高级（国家职业资格三级）、技师（国家职业资格二级）、高级技师（国家职业资格一级）。

1.4　职业环境

室内、常温。

1.5　职业能力特征

具有较强的计算能力和空间感，形体知觉及色觉正常，手指、手臂灵活，动作协调。

1.6　基本文化程度

高中毕业（或同等学历）。

1.7　培训要求（略）

1.8　鉴定要求

1.8.1　适用对象

从事或准备从事本职业的人员。

1.8.2　申报条件

——中级：（略）

——高级：（具备以下条件之一者）

1）取得本职业中级职业资格证书后，连续从事本职业工作2年以上，经本职业高级正规培训，达到规定标准学时数，并取得结业证书。

2）取得本职业中级职业资格证书后，连续从事本职业工作4年以上。

3）取得劳动保障行政部门审核认定的，以高级技能为培养目标的职业学校本职业（或相关专业）毕业证书。

4）大专以上本专业或相关专业毕业生，经本职业高级正规培训，达到规定标准学时数，并取得结业证书。

——技师、高级技师：（略）

1.8.3　鉴定方式

分为理论知识考试和技能操作考核。理论知识考试采用闭卷方式，技能操作（含软件应用）考核采用现场实际操作和计算机软件操作方式。理论知识考试和技能操作（含软件应用）考核均实行百分制，成绩皆达60分及以上者为合格。技师和高级技师还需进行综合评审。

1.8.4　考评人员与考生配比（略）

1.8.5　鉴定时间

理论知识考试为120min，技能操作考核中实操时间为：中级、高级不少于240min，技师和高级技师不少于300min，技能操作考核中软件应用考试时间为不超过120min，技师和高级技师的综合评审时间不少于45min。

1.8.6　鉴定场所设备

理论知识考试在标准教室里进行，软件应用考试在计算机机房进行，技能操作考核在配备必要的加工中心及必要的刀具、夹具、量具和辅助设备的场所进行。

2. 基本要求

2.1　职业道德（略）

2.2　基础知识

2.2.1　基础理论知识

　　1）机械制图。

　　2）工程材料及金属热处理知识。

　　3）机电控制知识。

　　4）计算机基础知识。

　　5）专业英语基础。

2.2.2　机械加工基础知识

　　1）机械原理。

　　2）常用设备知识（分类、用途、基本结构及维护保养方法）。

　　3）常用金属切削刀具知识。

　　4）典型零件加工工艺。

　　5）设备润滑和冷却液的使用方法。

　　6）工具、夹具、量具的使用与维护知识。

　　7）铣工、镗工基本操作知识。

2.2.3　安全文明生产与环境保护知识

　　1）安全操作与劳动保护知识。

　　2）文明生产知识。

　　3）环境保护知识。

2.2.4　质量管理知识

　　1）企业的质量方针。

　　2）岗位质量要求。

　　3）岗位质量保证措施与责任。

2.2.5　相关法律、法规知识

　　1）劳动法的相关知识。

　　2）环境保护法的相关知识。

　　3）知识产权保护法的相关知识。

3. 工作要求

　　本标准对中级、高级、技师和高级技师的技能要求依次递进，高级别涵盖低级别的要求。

3.1　中级

职业功能	工作内容	技 能 要 求	相 关 知 识
一、加工准备	（一）读图与绘图	1. 能读懂中等复杂程度（如：凸轮、箱体、多面体）的零件图 2. 能绘制有沟槽、台阶、斜面的简单零件图 3. 能读懂分度头尾座、弹簧夹头套筒、可转位铣刀结构等简单机构装配图	1. 复杂零件的表达方法 2. 简单零件图的画法 3. 零件三视图、局部视图和剖视图的画法
	（二）制订加工工艺	1. 能读懂复杂零件的数控加工工艺文件 2. 能编制直线、圆弧面、孔系等简单零件的数控加工工艺文件	1. 数控加工工艺文件的制订方法 2. 数控加工工艺知识

（续）

职业功能	工作内容	技 能 要 求	相 关 知 识
一、加工准备	（三）零件定位与装夹	1. 能使用加工中心常用夹具（如压板、虎钳、平口钳等）装夹零件 2. 能够选择定位基准，并找正零件	1. 加工中心常用夹具的使用方法 2. 定位、装夹的原理和方法 3. 零件找正的方法
	（四）刀具准备	1. 能够根据数控加工工艺卡选择、安装和调整加工中心常用刀具 2. 能根据加工中心特性、零件材料、加工精度和工作效率等选择刀具和刀具几何参数，并确定数控加工需要的切削参数和切削用量 3. 能够使用刀具预调仪或者在机内测量工具的半径及长度 4. 能够选择、安装、使用刀柄 5. 能够刃磨常用刀具	1. 金属切削与刀具磨损知识 2. 加工中心常用刀具的种类、结构和特点 3. 加工中心、零件材料、加工精度和工作效率对刀具的要求 4. 刀具预调仪的使用方法 5. 刀具长度补偿、半径补偿与刀具参数的设置知识 6. 刀柄的分类和使用方法 7. 刀具刃磨的方法
二、数控编程	（一）手工编程	1. 能够编制钻、扩、铰、镗等孔类加工程序 2. 能够编制平面铣削程序 3. 能够编制含直线插补、圆弧插补二维轮廓的加工程序	1. 数控编程知识 2. 直线插补和圆弧插补的原理 3. 坐标点的计算方法 4. 刀具补偿的作用和计算方法
	（二）计算机辅助编程	能够利用CAD/CAM软件完成简单平面轮廓的铣削程序	1. CAD/CAM软件的使用方法 2. 平面轮廓的绘图与加工代码生成方法
三、加工中心操作	（一）操作面板	1. 能够按照操作规程起动及停止机床 2. 能使用操作面板上的常用功能键（如回零、手动、MDI、修调等）	1. 加工中心操作说明书 2. 加工中心操作面板的使用方法
	（二）程序输入与编辑	1. 能够通过各种途径（如DNC、网络）输入加工程序 2. 能够通过操作面板输入和编辑加工程序	1. 数控加工程序的输入方法 2. 数控加工程序的编辑方法
	（三）对刀	1. 能进行对刀并确定相关坐标系 2. 能设置刀具参数	1. 对刀的方法 2. 坐标系的知识 3. 建立刀具参数表或文件的方法
	（四）程序调试与运行	1. 能够进行程序检验、单步执行、空运行并完成零件试切 2. 能使用交换工作台	1. 程序调试的方法 2. 工作台交换的方法
	（五）刀具管理	1. 能够使用自动换刀装置 2. 能够在刀库中设置和选择刀具 3. 能够通过操作面板输入有关参数	1. 刀库的知识 2. 刀库的使用方法 3. 刀具信息的设置方法与刀具选择 4. 数控系统中加工参数的输入方法

（续）

职业功能	工作内容	技 能 要 求	相 关 知 识
四、零件加工	（一）平面加工	能够运用数控加工程序进行平面、垂直面、斜面、阶梯面等铣削加工，并达到如下要求： 1）尺寸公差等级达 IT7 级 2）几何公差等级达 IT8 级 3）表面粗糙度 $Ra=3.2\mu m$	1. 平面铣削的基本知识 2. 刀具端刃的切削特点
	（二）型腔加工	1. 能够运用数控加工程序进行直线、圆弧组成的平面轮廓零件铣削加工，并达到如下要求： 1）尺寸公差等级达 IT8 级 2）几何公差等级达 IT8 级 3）表面粗糙度 $Ra=3.2\mu m$ 2. 能够运用数控加工程序进行复杂零件的型腔加工，并达到如下要求： 1）尺寸公差等级达 IT8 级 2）几何公差等级达 IT8 级 3）表面粗糙度 $Ra=3.2\mu m$	1. 平面轮廓铣削的基本知识 2. 刀具侧刃的切削特点
	（三）曲面加工	能够运用数控加工程序铣削圆锥面、圆柱面等简单曲面，并达到如下要求： 1）尺寸公差等级达 IT8 级 2）几何公差等级达 IT8 级 3）表面粗糙度 $Ra=3.2\mu m$	1. 曲面铣削的基本知识 2. 球头刀具的切削特点
	（四）孔系加工	能够运用数控加工程序进行孔系加工，并达到如下要求： 1）尺寸公差等级达 IT7 级 2）几何公差等级达 IT8 级 3）表面粗糙度 $Ra=3.2\mu m$	麻花钻、扩孔钻、丝锥、镗刀及铰刀的加工方法
	（五）槽类加工	能够运用数控加工程序进行槽、键槽的加工，并达到如下要求： 1）尺寸公差等级达 IT8 级 2）几何公差等级达 IT8 级 3）表面粗糙度 $Ra=3.2\mu m$	槽、键槽的加工方法
	（六）精度检验	能够使用常用量具进行零件的精度检验	1. 常用量具的使用方法 2. 零件精度检验及测量方法
五、维护与故障诊断	（一）加工中心日常维护	能够根据说明书完成加工中心的定期及不定期维护保养，包括：机械、电、气、液压、数控系统检查和日常保养等	1. 加工中心说明书 2. 加工中心日常保养方法 3. 加工中心操作规程 4. 数控系统（进口、国产数控系统）说明书
	（二）加工中心故障诊断	1. 能读懂数控系统的报警信息 2. 能发现加工中心的一般故障	1. 数控系统的报警信息 2. 机床的故障诊断方法
	（三）机床精度检查	能进行机床水平的检查	1. 水平仪的使用方法 2. 机床垫铁的调整方法

3.2 高级

职业功能	工作内容	技 能 要 求	相 关 知 识
一、加工准备	（一）读图与绘图	1. 能够读懂装配图并拆画零件图 2. 能够测绘零件 3. 能够读懂加工中心主轴系统、进给系统的机构装配图	1. 根据装配图拆画零件图的方法 2. 零件的测绘方法 3. 加工中心主轴与进给系统基本构造知识
	（二）制订加工工艺	能编制箱体类零件的加工中心加工工艺文件	箱体类零件数控加工工艺文件的制订
	（三）零件定位与装夹	1. 能根据零件的装夹要求正确选择和使用组合夹具和专用夹具 2. 能选择和使用专用夹具装夹异型零件 3. 能分析并计算加工中心夹具的定位误差 4. 能够设计与自制装夹辅具（如轴套、定位件等）	1. 加工中心组合夹具和专用夹具的使用、调整方法 2. 专用夹具的使用方法 3. 夹具定位误差的分析与计算方法 4. 装夹辅具的设计与制造方法
	（四）刀具准备	1. 能够选用专用工具 2. 能够根据难加工材料的特点，选择刀具的材料、结构和几何参数	1. 专用刀具的种类、用途、特点和刃磨方法 2. 切削难加工材料时的刀具材料和几何参数的确定方法
二、数控编程	（一）手工编程	1. 能够编制较复杂的二维轮廓铣削程序 2. 能够运用固定循环、子程序进行零件的加工程序编制 3. 能够运用变量编程	1. 较复杂二维节点的计算方法 2. 球、锥、台等几何体外轮廓节点计算 3. 固定循环和子程序的编程方法 4. 变量编程的规则和方法
	（二）计算机辅助编程	1. 能够利用 CAD/CAM 软件进行中等复杂程度的实体造型（含曲面造型） 2. 能够生成平面轮廓、平面区域、三维曲面、曲面轮廓、曲面区域、曲线的刀具轨迹 3. 能进行刀具参数的设定 4. 能进行加工参数的设置 5. 能确定刀具的切入切出位置与轨迹 6. 能够编辑刀具轨迹 7. 能够根据不同的数控系统生成 G 代码	1. 实体造型的方法 2. 曲面造型的方法 3. 刀具参数的设置方法 4. 刀具轨迹生成的方法 5. 各种材料切削用量的数据 6. 有关刀具切入切出的方法对加工质量影响的知识 7. 轨迹编辑的方法 8. 后置处理程序的设置和使用方法
	（三）数控加工仿真	能利用数控加工仿真软件实施加工过程仿真、加工代码检查与干涉检查	数控加工仿真软件的使用方法
三、加工中心操作	（一）程序调试与运行	能够在机床中断加工后正确恢复加工	加工中心的中断与恢复加工的方法
	（二）在线加工	能够使用在线加工功能，运行大型加工程序	加工中心的在线加工方法
四、零件加工	（一）平面加工	能够编制数控加工程序进行平面、垂直面、斜面、阶梯面等铣削加工，并达到如下要求： 1）尺寸公差等级达 IT7 级 2）几何公差等级达 IT8 级 3）表面粗糙度 $Ra = 3.2\mu m$	平面铣削的加工方法

（续）

职业功能	工作内容	技 能 要 求	相 关 知 识
四、零件加工	（二）型腔加工	能够编制数控加工程序进行模具型腔加工，并达到如下要求： 1）尺寸公差等级达 IT8 级 2）几何公差等级达 IT8 级 3）表面粗糙度 $Ra=3.2\mu m$	模具型腔的加工方法
	（三）曲面加工	能够使用加工中心进行多轴铣削加工叶轮、叶片，并达到如下要求： 1）尺寸公差等级达 IT8 级 2）几何公差等级达 IT8 级 3）表面粗糙度 $Ra=3.2\mu m$	叶轮、叶片的加工方法
	（四）孔类加工	1. 能够编制数控加工程序相贯孔加工，并达到如下要求： 1）尺寸公差等级达 IT8 级 2）几何公差等级达 IT8 级 3）表面粗糙度 $Ra=3.2\mu m$ 2. 能进行调头镗孔，并达到如下要求： 1）尺寸公差等级达 IT7 级 2）几何公差等级达 IT8 级 3）表面粗糙度 $Ra=3.2\mu m$ 3. 能够编制数控加工程序进行刚性攻螺纹，并达到如下要求： 1）尺寸公差等级达 IT8 级 2）几何公差等级达 IT8 级 3）表面粗糙度 $Ra=3.2\mu m$	相贯孔加工、调头镗孔、刚性攻螺纹的方法
	（五）沟槽加工	1. 能够编制数控加工程序进行深槽、特形沟槽的加工，并达到如下要求： 1）尺寸公差等级达 IT8 级 2）几何公差等级达 IT8 级 3）表面粗糙度 $Ra=3.2\mu m$ 2. 能够编制数控加工程序进行螺旋槽、柱面凸轮的铣削加工，并达到如下要求： 1）尺寸公差等级达 IT8 级 2）几何公差等级达 IT8 级 3）表面粗糙度 $Ra=3.2\mu m$	深槽、特形沟槽、螺旋槽、柱面凸轮的加工方法
	（六）配合件加工	能够编制数控加工程序进行配合件加工，尺寸配合公差等级达 IT8	1. 配合件的加工方法 2. 尺寸链换算的方法
	（七）精度检验	1. 能对复杂、异形零件进行精度检验 2. 能够根据测量结果分析产生误差的原因 3. 能够通过修正刀具补偿值和修正程序来减少加工误差	1. 复杂、异形零件的精度检验方法 2. 产生加工误差的主要原因及其消除方法

（续）

职业功能	工作内容	技 能 要 求	相 关 知 识
五、维护与故障诊断	（一）日常维护	能完成加工中心的定期维护保养	加工中心的定期维护手册
	（二）故障诊断	能发现加工中心的一般机械故障	加工中心机械故障和排除方法 加工中心液压原理和常用液压元件
	（三）机床精度检验	能够进行机床几何精度和切削精度检验	机床几何精度和切削精度检验内容及方法

3.3 技师（略）

3.4 高级技师（略）

4. 比重表

4.1 理论知识

	项　　目	中级(%)	高级(%)	技师(%)	高级技师(%)
基本要求	职业道德	5	5	5	5
	基础知识	20	20	15	15
相关知识	加工准备	15	15	25	—
	数控编程	20	20	10	—
	加工中心操作	5	5	5	—
	零件加工	30	30	20	15
	机床维护与精度检验	5	5	10	10
	培训与管理	—	—	10	15
	工艺分析与设计	—	—	—	40
	合　　计	100	100	100	100

4.2 技能操作

	项　　目	中级(%)	高级(%)	技师(%)	高级技师(%)
机能要求	加工准备	10	10	10	—
	数控编程	30	30	30	—
	加工中心操作	5	5	5	—
	零件加工	50	50	45	45
	机床维护与精度检验	5	5	5	10
	培训与管理	—	—	5	10
	工艺分析与设计	—	—	—	35
	合　　计	100	100	100	100

参 考 文 献

[1]   眭润舟. 数控编程与加工技术 [M]. 北京：机械工业出版社，2002.

[2]   裴炳文. 数控加工工艺与编程 [M]. 北京：机械工业出版社，2005.

[3]   董建国，王凌云. 数控编程与加工技术 [M]. 长沙：中南大学出版社，2006.

[4]   周兰，常晓俊. 现代数控加工设备 [M]. 北京：机械工业出版社，2006.

[5]   蒋建强. 数控加工技术与实训 [M]. 2 版. 北京：电子工业出版社，2006.

[6]   唐波. 数控机床及编程 [M]. 长沙：中南大学出版社，2006.

[7]   刘万菊. 数控加工工艺及编程 [M]. 北京：机械工业出版社，2007.

[8]   明兴祖. 数控技工技术 [M]. 2 版. 北京：化学工业出版社，2008.

[9]   顾京. 数控机床加工程序编制 [M]. 4 版. 北京：机械工业出版社，2008.

[10]   吴明友. 数控加工技术 [M]. 北京：机械工业出版社，2008.

[11]   嵇宁. 数控加工编程与操作 [M]. 北京：高等教育出版社，2008.

[12]   刘战术，史东才. 数控机床加工技术 [M]. 2 版. 北京：人民邮电出版社，2008.

[13]   吴新佳. 数控加工工艺与编程 [M]. 北京：人民邮电出版社，2009.

[14]   朱晓春. 数控技术 [M]. 2 版. 北京：机械工业出版社，2006.

[15]   李郝林，方键. 机床数控技术 [M]. 2 版. 北京：机械工业出版社，2007.

21 世纪高职高专规划教材书目（基础课及机械类）

（有*的为普通高等教育"十一五"国家级规划教材并配有电子课件）

*高等数学（理工科用） （第2版）	工业产品造型设计（第2版） *液压与气压传动	模具 CAD/CAM 技术 模具制造工艺
高等数学学习指导书（理工科用） （第2版）	电工与电子基础 电工电子技术（非电类专业用）	汽车构造
计算机应用基础（第2版）	机械制造技术	汽车电器与电子设备
应用文写作	*机械制造基础	汽车电器设备构造与检修
应用文写作教程	数控技术（第2版）	汽车发动机电控技术
经济法概论	**数控加工技术**	汽车传感器与总线技术
法律基础		公路运输与安全
法律基础概论	专业英语（机械类用）	汽车检测与维修
*C 语言程序设计	汽车专业英语	汽车检测与维修技术
	*数控机床及其使用和维修	汽车空调
*工程制图（机械类用） （第2版）	数控机床及其使用维修 （第2版）	*汽车营销学（第2版）
工程制图习题集（机械 类用）（第2版）	数控加工工艺及编程 机电控制技术	工程制图（非机械类用） 工程制图习题集（非机械类用）
计算机辅助绘图—AutoCAD2005 中文版	计算机辅助设计与制造 微机原理与接口技术	离散数学 电工电子基础
几何量精度设计与检测	机电一体化系统设计	电路基础
公差配合与测量技术	控制工程基础	单片机原理与应用
工程力学	机械设备控制技术	电力拖动与控制
金属工艺学	金属切削机床	*可编程序控制器及其应用
金工实习教程	机械制造工艺与夹具	（欧姆龙型）
金工实习	UG 设计与加工	可编程序控制器及其应用
工程训练	冷冲压模设计及制造	（三菱型）
机械零件课程设计	冷冲压模设计与制造	工厂供电
机械设计基础（第2版）	*塑料模设计及制造（第2版）	微机原理与应用（第2版）
*机械设计基础	模具 CAD/CAM	电工与电子实验
机械设计课程设计指导书	模具制造工艺学	